受“国家社科基金”资助
批准号18BGL286

Research
on the
Index of Network
Innovation

网络创新指数研究

汪小梅 万映红 岳英◎著

图书在版编目（CIP）数据

网络创新指数研究 / 汪小梅，万映红，岳英著. —北京：机械工业出版社，2019.5

ISBN 978-7-111-62510-0

I. 网… II. ①汪… ②万… ③岳… III. 互联网络 - 发展 - 研究 - 中国 IV. TP393.4

中国版本图书馆 CIP 数据核字（2019）第 067713 号

本书在梳理国内外创新评价体系研究文献与应用实践的基础上，导入创新驱动及生态系统理论新成果，设计出网络创新评价指标体系及网络创新指数测算方法。网络创新评价指标体系包含网络创新能力这一综合指标和网络创新基础支撑环境、网络创新资源投入、网络创新知识创造、创新知识转化赋能、网络创新产出绩效这 5 个一级评价指标，以及 12 个二级指标和 36 个三级指标。本书是中国网络创新指数主题研究的成果发布，涉及综合评价指标的理论框架、测试方法及技术等内容，从基础数据、多维比较等方面确保成果更科学、更完善。

网络创新指数研究

出版发行：机械工业出版社（北京市西城区百万庄大街 22 号 邮政编码：100037）
责任编辑：邵淑君
责任校对：李秋荣
印 刷：三河市宏图印务有限公司
版 次：2019 年 5 月第 1 版第 1 次印刷
开 本：147mm × 210mm 1/32
印 张：6.375
书 号：ISBN 978-7-111-62510-0
定 价：69.00 元

凡购本书，如有缺页、倒页、脱页，由本社发行部调换
客服热线：（010）68995261 88361066 投稿热线：（010）88379007
购书热线：（010）68326294 读者信箱：hzjg@hzbook.com

受“国家社科基金“资助

批准号 18BGL286

顾　问：张　炜　　鲁世宗　　张艳宁

作　者：汪小梅

万映红

岳　英

研究团队成员：

刘一江　　郑斐元

秦　汉　　冀永恒

蔡　瑶　　续　强

郭阳明　　邓　磊

| 推荐序一 |

经过 41 年的改革开放，中国经济由高速增长进入中高速增长的新常态。中国经济技术发展正面临由数量规模型向质量效益型转变、由引进消化型向开放融通型转变、由学习模仿型向自主创新型转变的历史性拐点。能否顺利实现经济技术发展转型，不仅关系稳增长、调结构、促改革、惠民生、防风险政策措施的贯彻落实，关系适应和引领经济发展新常态的大局，而且直接影响“两个一百年”奋斗目标的实现。加快实施网络强国战略，可为经济技术发展转型提供强大动力。

习近平总书记多次强调创新驱动发展的重要性。创新是国家和企业发展的必由之路。随着物联网、云计算、大数据、移动互联网等新一代信息技术的快速发展，互联网及信息技术不仅成为国家经济发展的强劲引擎，更深刻地引发和驱动着社会变革与产业转型升级，网络创新产出成效广泛渗透到公共服务、社会发展、人民生活的方方面面，驱动了数字经济的发展。

网络创新技术的内涵和创新领域的外延不断丰富与深化，本书作者在认真梳理国内外创新评价体系相关研究文献与应用实践的基础上，导入创新驱动及生态系统理论新成果，力求网络创新评价指数的编制逻辑性和方法连贯性，设计出网络创新评价指标体系及网络创新指数测算方法。作者对全国 31 个省、自治区和直辖市（未包含香港、澳门和台湾的数据）以及陕西省 10 个地级市的网络创新指数进行综合评分，在此基础上对各地区网络创新指数进行解析，揭示各地区网络创新发展水平、发展梯队分布特点。通过对各地区网络创新分项指数表现、网络创新关键指标表现进行比较分析，发现各地区网络创新能力的优劣势，以及发展的差距。最后对评价进行总结，针对陕西省网络经济发展进行调研统计分析，利用构建的网络经济政策“三位一体”评估模型，提出相关政策设计和政策建议，助力政府及相关机构更好地掌握地区网络创新的整体发展态势及竞争力，为政府制定相关发展战略提供理论参考。

中国工程院院士

中国科学院计算机技术研究所研究员

| 推荐序二 |

党的十八大提出实施创新驱动发展战略，强调科技创新是提高社会生产力和综合国力的战略支撑，必须摆在国家发展全局的核心位置。创新驱动是国家命运所系，是世界大势所趋。国家力量的核心支撑是科技创新能力。发展新一代信息网络技术，增强经济社会发展的信息化基础，是实施创新驱动发展战略的核心任务之一。

随着物联网、云计算、大数据、人工智能等新一代信息技术的快速发展，网络信息技术成果广泛且深入地渗入公共服务、社会发展、人民生活的方方面面，网络经济成为经济社会发展的重要引擎，驱动着经济转型升级。网络创新成果与经济社会领域逐渐融合，形成了更加广泛的经济发展形态。网络创新正成为我国转型升级的重要驱动力。围绕新时代、新技术引发的新变革，开展中国网络创新指数研究，描述与剖析网络创新发展态势及特点，探索其为新经济带来的影响，为产业转型升级提供决策参考依据。

本书从指数化视角来分析网络经济发展，能够获得区域竞争力、新业态、新技术等丰富的信息，受到政府部门、科研院所、企业单位和研究学者的关注。研究团队专心致力于网络创新前沿动态的理论探索和对实践问题的深入思考，不断改进研究方法和手段，从综合评价指标的理论框架、测评方法及技术到基础数据的获取、多维比较等开展全面而深入的探索，力争使中国网络创新指数研究更加科学、客观、准确。

汪玉凯

国家信息化专家咨询委员会委员

中央党校（国家行政学院）教授

前言

创新是国家和企业发展的必由之路。随着物联网、云计算、大数据、移动互联网等新一代信息技术的快速发展，互联网及信息技术不仅成为国家经济发展的强劲引擎，更深刻地引发和驱动了社会变革与产业转型升级。网络创新产出成效广泛渗入公共服务、社会发展、人民生活的方方面面，驱动数字经济发展。习近平总书记也多次强调创新驱动发展的重要性。

网络创新技术的内涵和创新领域的外延不断丰富与深化，团队在认真梳理国内外创新评价体系相关研究文献与应用实践的基础上，导入创新驱动及生态系统理论新成果，将全书分为上篇、中篇和下篇。

上篇为网络创新指数体系框架，试图运用科学的方法确保网络创新评价指数的编制逻辑性和方法连贯性，设计出了网络创新评价指标体系及网络创新指数测算方法。网络创新评价指标体系包括网络创新能力综合指标，以及网络创新基础支撑环境、网络创新资源投入、网络创新知识创造、创新知识转化赋能和网络创新产出绩效5个一级指标。中篇为全国网络创新指数及解析，揭示了各地区网络创新发展水平、发展梯队分布特点。通过对各地区网络创新分指数表现、网络创新关键指标表现进行比较分析，发现各地区网络创新能力的优势、劣势，及各地区之间的发展差距。下篇对陕西省10个地级市的网络创新水平进行了评价与分析。最后进行了总结，提出了一些政策建议，助力政府及相关机构更好地掌握地区网络创新的整体发展态势及竞争力所在，以期为政府制定相关发展战略提供参考，促进各地区形成地域新优势，增强发展的长期动力。

《网络创新指数研究》源自陕西网络创新研究院成立之初，由研究院建设领导小组组长西北工业大学党委书记张炜教授在审慎研判之后率先提出，西北工业大学校长助理张艳宁教授和陕西省委网信办高度重视，随即由陕西网络创新研究院以软科学研究项目形式立项支持，在此对陕西省委网信办的领导和相关领域的专家、同事表示特别的感谢，同时，对参与研究工作的刘一江、郑斐元、秦汉、冀永恒、蔡瑶、续强、孙毓俏等研究生同学在项目研究过程中的辛勤劳动表示感谢。

本书涉及综合评价指标的理论框架、测评方法及技术，从基础数据、多维比较等方面力求成果更科学、更完善。在此，也恳请读者和研究人员多提宝贵意见与建议。

汪小梅　万映红　岳英

2019年3月15日于西安

目录

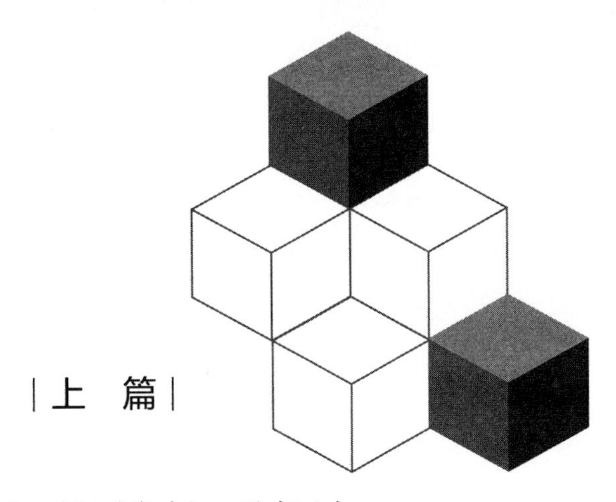

|上　篇|

网络创新指数体系框架

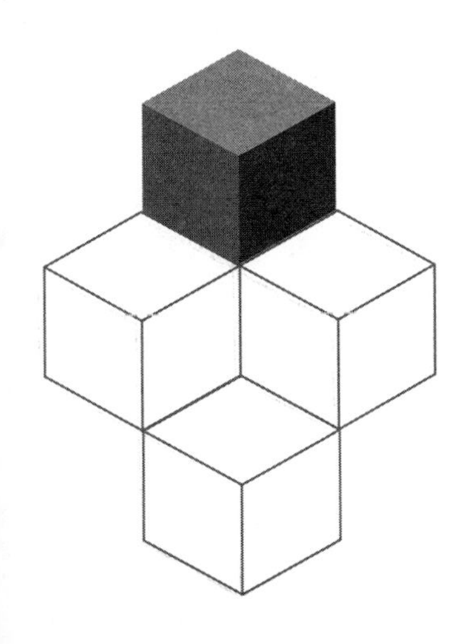

第 1 章

绪　论

1.1 网络创新的背景及内涵

1.1.1 网络创新的背景

随着传统经济的持续低迷，网络化创新及实践应用得以长足发展，不断为全球经济复苏和社会进步注入新的活力，逐步成为创新经济增长的强大引擎。伴随着互联网及信息技术在多个领域的渗透和发展，人类社会的运作方式与创新模式发生重大变革，直接影响国家的经济发展和战略布局。

2017年中国共产党第十九次全国代表大会强调指出：“要加快建设创新型国家”“创新是引领发展的第一动力，是建设现代化经济体系的战略支撑”。同时，习近平总书记在2018年全国网络安全和信息化工作会议中再次强调，信息化为中华民族带来了千载难逢的机遇。我们必须敏锐抓住信息化发展的历史机遇，自主创新推进网络强国建设。在以习近平同志为核心的党中央领导下，我国网络强国战略蹄疾步稳，互联网基础设施建设步伐加快，自主创新能力得到不断增强，信息经济蓬勃发展，互联网成为国家发展的重要驱动力。

与此同时，“互联网+”战略，依托互联网科技创新技术与成果深度融合于传统经济实体，为其创新注入了前所未有的活力和能量，通过这种与实体经济相融合的方式，带动产业梯次转型过程中的经济创新发展。《中国“互联网+”指数报告（2018）》显示，2017年全国数字经济体量为26.70万亿元，较2016年同期的22.77万亿元增长17.24%，占GDP的比重也较2016年上升到32.28%。2017年，随着中国互联网产业发展加速融合，以及《中国制造2025》全面实施、工业互联网全力推进，“互联网+”持续助推传统产业升级。互联网、大数据、人工智能和实体经济从初步融合迈向深度融合的新阶段，转型升级的澎湃动力加速汇聚；数字经济成为经济发展新引擎，互联网和数字化助推传统经济向互联网经济升级和转型。

随着“一带一路”国家战略的实施，我国加快形成了陆海统筹、东西互补的全方位对外开放和全面发展新格局，为陕西省经济的腾飞发展带来了前所未有的历史机遇。陕西省作为国家“一带一路”、西部大开发战略的核心区，依靠创新驱动加快实现数字经济和实体经济同步发展，是陕西省转变经济发展模式的必然选择。因此，客观准确地衡量陕西省网络创新能力，精准分析陕西省网络创新水平在全国的地位，从而提出符合陕西省省情的合理化的意见和建议是本课题的研究主旨。

1.1.2 网络创新的内涵

随着移动互联网、云计算、大数据、人工智能等技术的迅猛发展，网络及信息技术成为国家创新发展的重要驱动力。“网络创新”作为一种全新的基础架构和运行模式，正引发日趋广泛和深入的社会变革以及产业转型升级。与此同时，互联网科技创新技术与成果同传统实体经济深入融合的“互联网+”战略，为经济发展注入了前所未有的活力和能量，带动产业转型和升级。例如，移动互联网和宽带网络的有效结合，为应用创新的繁荣夯实了基础，成为电商、电子支付、社交等领域信息消费、扩大内需的助推器，进而带动了互联网及相关产业经济的迅猛增长。

在此背景下，网络创新的内涵不断丰富并深化，主要体现在：基于技术角度，网络创新的含义已由互联网技术延展为互联网及新兴信息技术创新；基于系统角度，网络创新作为一种新的创新基础架构，涵盖创新驱动路径、创新生态体系、创新发展模式等关键因素；基于创新产出成效角度，网络创新不仅包括互联网行业的创新产出，还包括“互联网+”融合产业的创新产出。

本研究基于创新驱动发展理论，互联网及新兴信息技术行业发展成果，以及对其他行业、社会经济发展的影响趋势，同时借鉴相关创新评价研究与应用成果，给出网络创新的定义：基于网络及信息技术的一系列创新活动。其中，网络及信息技术主要指互联网/移动互联网、信息通信、软件服务等技术的总和；创新活动主要包括创新基础支撑、创新资源投入、创新知识创造、创新成果转化赋能以及创新驱动发展绩效产出。

与传统创新相比，网络创新领域已延伸至包括互联网信息产业化和产业网络信息化两大方面。所谓互联网信息产业化领域，具体业态包括互联网产业、信息通信业、软件服务业，还包括基于互联网平台的信息技术服务新业态、新模式等（本书统称为“互联网及网信业”）。所谓产业网络信息化领域，主要指传统产业基于网络及信息技术的应用融合创新。通过网络及信息技术对虚拟与实体生产要素进行优化配置、重新解构与创造性再融合，具体表现为对经济发展的驱动与贡献、商业模式与业态创新、社会生活的渗透和改变以及由此带来的生产效率和效益提升。

1.2 网络创新指数的意义

网络创新指数体系是指能反映区域网络创新系统要素及其之间相互作用，且能够呈现出系统能力及发展特征的一套指标体系及其测度评价体系。网络创新指数是基于科学的定量统计分析工具和有效可测评价指标数据计算得到的相对比较值，其能够客观、全面地评价各地区网络创新发展的能力水平。

网络创新指数编制的意义如下。

（1）建立网络创新指数评价体系。运用大系统思维和创新生态体系的视角，剖析网络创新驱动发展机制，分析创新的基础支撑环境与资源投入、创新转化过程、创新驱动环境、创新产出等关键要素间的关系。将指数理论与网络创新评价相结合，利用指数形式评价全国各省、自治区、直辖市以及陕西省各地级市的网络创新能力及发展水平，既拓展了指数理论的应用范围，又丰富了区域网络创新评价方法。

（2）为政策制定提供依据。通过对网络创新能力进行量化评价，从创新体系的理论高度来认识各地区科技创新的优势与不足，从全面、系统、宏观的视角出发，了解我国网络创新的多样性。研究结果有助于系统地把握我国创新能力的总体特征与发展水平，明晰当前我国创新驱动发展规划与政策的改进方向和努力目标，从而为制定科学的数字经济发展战略提供有力的数据支持。

（3）为地区间比较提供量化依据。网络创新指数体系对网络创新能力进行测度，客观描述了全国各地区的网络创新现状，可以帮助各地区了解自身网络创新的现状，进而进行精准定位，制定适合自身发展的网络创新战略。与此同时，通过对各地区进行纵向、横向的比较，可以找出其存在的薄弱环节，为明晰网络创新方向提供政策依据及决策参考。

第2章

网络创新指数体系

2.1 评价指标框架

2.1.1 研究基础

纵观分析近年来国内外创新研究与报告相关文献资料，不难发现主要基于投入–产出构成的顶层评价框架的指标体系设计。例如，《全球创新指数报告》针对全球创新活动的发展现状，从投入–产出视角提出了涵盖创新投入和创新产出的指标体系。其中，创新投入指标包括制度、人力资本和研究、基础设施建设、市场成熟度、商业成熟度 5 个三级指标；创新产出指标包括知识和技术产出、创意产出 2 个三级指标。《欧洲创新记分牌》首次区分了知识创新、企业创新两种不同类型的创新，将指标分为创新投入（创新驱动、知识创造、企业创新 3 个三级指标）和创新产出（即技术应用）。全球创新记分牌的评价体系中的主要创新维度基本与欧盟创新记分牌相同，但具体指标更为精简。国内方面，中国科学技术发展战略研究院发布的以国别创新为研究对象的《国家创新指数报告》，将创新指数分为创新环境、创新投入、创新产出、创新成效 4 个指标。一些国家级的创新指数在指标选择上，宏观性、整体性、细分化特征相对不明显。

区域创新体系研究与报告，同样以投入 – 产出经典评价框架的顶层指标要素居多，同时指标体系强调区域创新驱动基础环境、创新过程性活动的能力评价。例如，《中国区域创新能力报告》将评价指标体系分为创新环境与关联、知识创造、知识获取、企业创新、创新的经济效益这 5 个方面。杭州创新指数指标体系包括创新基础、创新环境、创新绩效 3 个一级指标，以及科教投入、人才资源、经济社会环境、创业环境、创新载体、成果产出和经济社会发展 7 个二级指标。广东省社会科学院发布的《中国城市创新指数》和合肥市城市创新指标检测体系等，相比于国家级的创新指数，区域创新指数的指标体系更具体。

随着创新活动实践的深化，各地区创新驱动社会经济发展与地区产业结构、创新主体构成、地区资源投入之间是相互作用、密切联系的整体。学界将自然生态理论及系统演化思想应用于创新路径依赖性研究，提出了“创新生态系统”理论。按照创新主体的构成，存在两个层面的研究与应用：①基于技术创新要素的角度，创新系统包含技术、知识、资金、创新组织、研发资源、竞争者、政府等外界环境及运行机制的生态系统；②基于模块化的角度，创新系统是由创新主体与相关协同主体，以及创新相关资源、环境等系统因素之间相互作用、相互依存的创新生态系统。本研究属于后者，即从国家各地区、省地市范围，研究网络创新评价及指数分析，构建网络创新生态大系统。网络创新生态大系统具有与自然生态系统相似的特征，即整体性、动态性、负责性、共生进化性，以及基本构成要素，即网络创新主体、网络创新资源、网络创新环境、网络创新主体与创新环境、资源的联系。

创新驱动路径研究认为，发展与创新的关系决定了创新工作开展的路径要分两步进行：首先是加强科技创新能力，其次是加强科技成果向经济发展的转化能力。其中，科技创新能力主要受两方面因素的影响，分别是创新投入和创新环境。创新成果的产生就像工厂的生产线一样，一条好的生产线和足够的原材料缺一不可，这样才能生产出足够的成果。因此，创新驱动工作主要包括三方面：创新投入工作、创新环境工作和创新成果转化工作。

通过上述对国内外相关文献的分析不难发现，在近年来相关的报告及实践成果中，在投入－产出构成的顶层评价框架的基础上，框架体系设计具有几大明显特点：①强调创新驱动与支撑环境，良好的环境提供了创新人才、创新成果产生与转化的基础，也为经济发展提供助力保障；②创新驱动的“黑箱”进一步打开，强调创新过程性，即研发创新成果（知识）产生、创新成果（知识）转化应用这两类循环往复的创新活动过程，监测与评价这些活动过程的效率及推进经济社会发展的成效，是体现国家和区域创新水平的关键。

2.1.2　评价指标框架

网络创新指数反映了一个国家或地区网络创新能力及总体发展水平。可以从国家或地区层面，通过综合评价与分析，揭示其创新活动方向、创新活动效率和能力水平。从这个意义上讲，网络创新评价指标体系具有创新发展导向性，能体现国家网络战略目标要求和政策导向的目标需要，引导国家（地区）肩负起创新的责任和使命。

互联网产业作为一个快速发展的高科技产业，其创新发展的要素和机制是一个全新的研究领域。本研究基于创新生态系统理论以及创新驱动路径研究成果，同时借鉴相关创新评价研究与应用成果，遵循以“投入–产出”的效率/效益为基本评价基准，将创新过程和创新支撑驱动纳入同一框架体系，从而使得创新驱动“黑箱”进一步打开，最终形成网络创新评价指标体系的设计框架。该指数框架包括创新支撑环境、创新资源投入、创新成果产生、创新知识驱动、创新产出绩效五个方面，相互间作用关系如图 2-1 所示。

网络创新评价指标框架的特点如下。

（1）框架基于系统基本特性要素及结构关系。网络创新是一个复杂的系统性过程，是以创新主体及协同体为核心的一系列有机联动活动的过程。系统的内生活动（创新主体）与外生活动（协同体）之间相辅相成、共同作用，最终达成网络创新系统的成效。

（2）框架区分了知识技术创新成果、知识技术成果转化创新两种不同类型的产出绩效，以便更加明确地监测与评价这些活动过程的效率及其推进经济社会发展的成效。

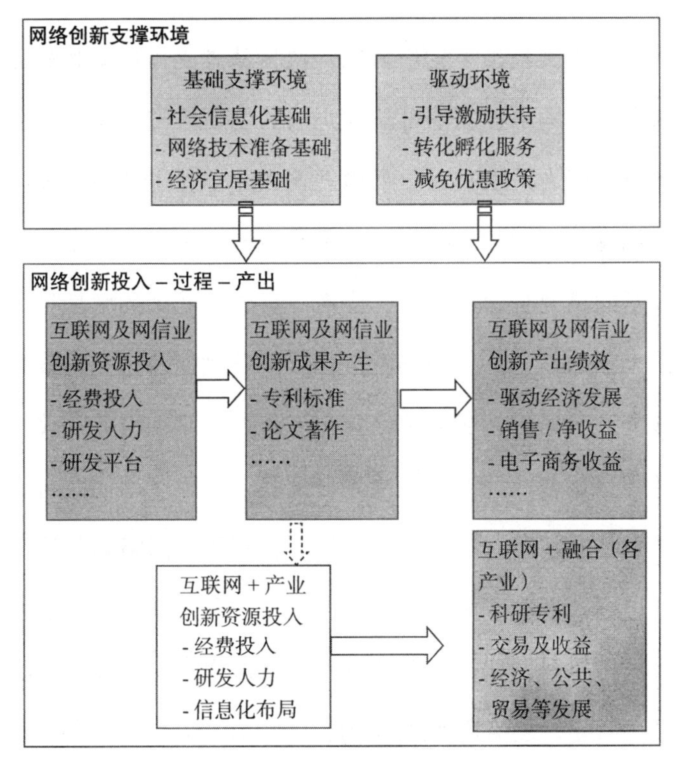

图 2-1　网络创新评价指标框架

网络创新是研发创新成果（知识）产生、创新成果（知识）转化应用这两类循环往复的创新活动过程。创新成果必须将在经济上的运用纳入其内涵中，只有实现其经济价值，才是创新的根本。网络创新成果只有通过企业、技术市场和金融技术等政策服务驱动，才能转化为经济社会发展成效的具体指标，反映创新的能力与水平。

（3）框架营造了创新环境，包括基础支撑环境和驱动环境两方面。网络创新不可缺少协同的创新系统环境，营造创新环境的能力及水平对于吸纳创新人才、促进创新成果产生与转化具有驱动与支撑作用。实践表明：一方面，创新人才是创新的灵魂，营造人文、技术、宜居的基础环境是吸引和留住人才的前提；另一方面，有效服务赋能及相关政策与引导举措，包括创新成果转化及交流平台、双创服务、政府专项激励、基金及补助减免税收政策等，对于驱动创新与转化的效率与效益具有正向的引导作用，有利于网络创新活动的顺利进行，有利于网络创新人才的培养和发展，有利于创新成果的传播和转化，能有效改善创新过程本身存在的“政府失灵”问题，是培育地区创新能力和核心竞争力的保障。

2.2 评价指标体系

2.2.1 设计原则

网络创新评价指标体系的设计遵循以下原则。

（1）系统性与全面性结合。系统性原则要求将网络创新作为一个整体，从“创新环境 – 创新投入 – 创新驱动 – 创新发展”的创新链角度，来分析各地区网络创新各环节、驱动力以及发展的各个方面，综合考虑多种相关因素的影响，构建衡量网络创新驱动整体过程的指标要素。全面性原则要求网络创新评价指标体系覆盖创新链过程的各个维度，不但要在二级指标上全面反映创新因素、驱动过程以及发展对象，还需在三级指标上进行全面的反映。通过将系统性与全面性相结合，从宏观到微观、从抽象到具体层层深入，构建一个完整的网络创新评价指标体系，真实反映各地区创新环境、政府政策、创新驱动力、可持续发展等各方面的特征。

（2）指标可测性与数据可获得性结合。指标可测性要求选取指标时尽量选择综合性指标，尽可能利用可量化的指标和可获得的权威性资料，保证指标建立、测算以及分析比较的可操作性。理论上注重指标的完整科学性，实践中又要注重其现实可行性。数据可获得性则要求所建的指标体系应尽量基于权威统计机构所公布的年鉴、公报、年（季）度数据。指标可测性和数据可获得性相结合，要求所设计的指标体系既要准确、真实、简洁地描述创新过程的各维度特征，又要符合国家社会经济发展的阶段性特点。

（3）指标相关性与发展导向性结合。指标相关性原则要求以创新驱动过程逻辑为基础，指标之间相互关联，反映出“创新环境 – 创新投入 – 创新驱动 – 创新发展”的过程性。发展导向性原则要求指标设计要以加快转变经济发展方式、促进产业结构调整优化、实现网络创新发展对经济发展的推动作用为根本目的。

（4）可比性与一致性结合。可比性和一致性原则要求指标应该口径一致，相互可比，目的在于对研究对象进行统一评价，对同类对象进行相互比较，找出各自的优劣势，相互促进、学习和提高。因此，在具体设计时，要参照国内外相关标准的规范性指标，在明确指标定义、符合规范，统计口径、计量范围以及方法等方面尽量衔接一致。

2.2.2 指标体系

在网络创新评价指标框架（见图 2-1）和国内外创新评价指标框架及应用实践研究的基础上，以创新过程中投入、驱动、产出、营建环境等活动环节的能力及水平作为评测指标设计基础，设置反映地区网络创新能力发展水平的指标体系，具体如表 2-1 所示。指标体系包括 5 个一级指标（网络创新基础支撑环境、网络创新资源投入、网络创新知识创造、创新知识转化赋能、网络创新产出绩效），12 个二级指标（信息化社会氛围、网络化技术准备、经济宜居发展、创新研发财力资源、创新研发人力资源、创新研发平台资源、专利标准成果、科研知识成果、引导扶持政策、成果转化服务、互联网及网信企业绩效、互联网 + 产业融合），36 个三级指标以及 82 个基础采集指标（见附录 A）。

2.2.3　指标说明

1. 网络创新基础支撑环境

网络创新基础支撑环境为创新主体提供了基础平台，是提升地区网络创新环境能力的重要基础和保障。网络创新基础支撑环境虽然不参与网络创新过程，却影响和支配着网络创新系统内部要素间的相互作用和整个系统的运行方式。网络创新基础支撑环境主要包括信息化社会氛围、网络化技术准备和经济宜居发展 3 个二级指标。

表 2-1 中国网络创新评价指标体系

综合指标	一级指标	二级指标	三级指标
网络创新能力	网络创新基础支撑环境	信息化社会氛围	人力教育素质
			互联网普及率
			社会网络化水平
		网络化技术准备	互联网宽带端口普及率
			两化融合水平
			网络信息安全水平
		经济宜居发展	生态宜居环境水平
			居民电子商务规模
			国民经济发展水平
	网络创新资源投入	创新研发财力资源	互联网及网信企业研发资金规模
			投资机构对互联网及网信业投资规模
			基金机构对互联网及网信业投资规模
			政府对科研项目基金资助规模
		创新研发人力资源	互联网及网信业从业人数规模
			互联网及网信业研发人员规模
			互联网及网信业高学历人才规模
		创新研发平台资源	产学研基地 / 平台规模
			高新技术产业区规模

网络创新知识创造	专利标准成果	互联网及网信业发明专利申请
		互联网及网信业发明专利交易
		互联网及网信业领域实用新型申请
	科研知识成果	互联网及网信业科研成果
创新知识转化赋能	引导扶持政策	网络创新引导扶持政策
		网络创新税收优惠及减免政策
	成果转化服务	网络创新交流活跃度
		孵化器和众创空间规模
		政府网站绩效
网络创新产出绩效	互联网及网信企业绩效	上市互联网及网信企业发展规模
		创建期互联网及网信企业发展规模
		互联网及网信企业示范应用规模
		互联网及网信企业净利润收益
	互联网 + 产业融合	iGPD
		互联网 + 工业融合
		互联网 + 商务融合
		互联网 + 文化与科技融合
		互联网 + 农业示范融合

（1）信息化社会氛围。信息化社会氛围是指对网络创新产生和发展起到推动和支持作用的社会化氛围。信息化社会氛围主要包括人力教育素质、互联网普及率及社会网络化水平。其中，人力教育素质反映地区人员的整体创新能力，素质越高，其在创新过程中的效率越高，发挥的作用越大；互联网普及率反映互联网的受众基础；社会网络化水平反映地区网络创新能力的工业支撑能力。例如，据CNNIC发布的第41次《中国互联网络发展状况统计调查》，截至2017年12月，我国网民规模达7.72亿，普及率达到55.8%，超过全球平均水平（51.7%）4.1个百分点，超过亚洲平均水平（46.7%）9.1个百分点。我国网民规模继续保持平稳增长，互联网普及率进一步提高，为网络创新及应用提供了庞大的互联网受众基础。

（2）网络化技术准备。网络化技术准备是指网络创新所需要的基础设施建设和技术条件。地区网络创新水平的高低在一定程度上依赖于当地政府和通信企业给予的基础支撑。网络化技术准备主要包括互联网宽带端口普及率、两化融合水平和网络信息安全水平。其中，互联网宽带端口普及率反映地区网络设施的普及程度，两化融合水平反映地区网络化、信息化与工业化的融合程度，网络信息安全水平反映地区网络创新的安全保障程度。

（3）经济宜居发展。经济宜居发展是指地区在生态发展、电子商务消费以及居民收入等方面的宜居程度。经济宜居发展水平包括生态宜居环境水平、居民电子商务规模和国民经济发展水平。其中，生态宜居环境水平在创新支撑中起到基础性作用。《2016 年互联网职场生态白皮书》指出，互联网人才主要向沿海地区聚集，呈现孔雀东南飞的趋势。可见，生态宜居环境是吸引和留住创新人才、可持续性“引凤入巢”的重要影响因素。居民电子商务规模是网络创新的原动力。据《中国互联网络发展状况统计调查报告》，2017 年各类应用用户规模均呈上升趋势，其中外卖用户规模增长显著，年增长率达到 64.6%；在手机应用方面，手机外卖、手机旅行预订用户规模增长明显，年增长率分别达到 66.2% 和 29.7%。居民电子商务规模激增既是地区网络创新结果的反映，反过来又为提升网络创新水平提供了物质条件。国民经济发展水平是一个地区经济实力的最具代表性的指标，可以衡量网络创新提供经济支持的力度。

2. 网络创新资源投入

网络创新资源投入反映了一个地区对网络创新的资源投入力度、创新人才资源供给能力及创新所依赖的基础设施投入水平。网络创新资源投入包括创新研发财力资源、创新研发人力资源和创新研发平台资源。

（1）创新研发财力资源。创新研发财力资源是指互联网企业、地区政府、投资机构及基金组织对网络创新的资金支持力度。它是创新活动的推动力量，反映了地区对网络创新的重视程度和发展潜力。创新研发资本主要包括互联网及网信企业研发资金规模、投资机构对互联网及网信业投资规模、基金机构对互联网及网信业投资规模、政府对科研项目基金资助规模。创新研发财力资源的投入，不仅能够使研发人员更愿意从事科研活动，也为科研活动创造了更好的设施配置条件和创新激励措施。据清科研究中心统计，2010 年之前，移动互联网投资项目规模不足 2 亿美元。随着互联网金融的不断深入发展，移动互联网投资规模呈井喷式增长，2015 年，投资规模达到 21 亿美元，为网络创新可持续发展提供了强有力的资金支持。

（2）创新研发人力资源。创新研发人力资源是指地区网络创新人才资源的供给水平。人才是创新的第一资源，网络创新人才是网络创新活动的载体，是知识的拥有者、传播者和创作者，反映了对网络创新的智力支持，决定了互联网行业发展的竞争力。创新研发人力资源包括互联网及网信业从业人数规模、研发人员规模及高学历人才规模。在网络创新系统中，创新人才不仅能带来直接的创新成果，如科技发明、专利、论文、著作等，也能促进创新成果的传播和推广。

（3）创新研发平台资源。创新研发平台资源是指地区网络创新所依赖的基础设施投入水平。创新研发平台资源能够将创新人才和创新经费很好地融合在一起，共同为网络强国战略早日实现打下坚实的基础。创新研发平台资源包括产学研基地/平台规模、高新技术产业区规模。创新研发平台资源为网络创新活动的顺利开展提供了良好的基础设施条件。

3. 网络创新知识创造

网络创新知识创造是网络创新过程直接产出的成果。创新知识是创新过程中的中间一环，既是创新过程的最终结果，也是驱动过程的开端资源。这些知识成果未必能够直接应用到生活中产生经济效益，但对将来的研究和应用具有重要的指导意义。创新知识反映了地区专利、科技论文、著作等的创新实力，是最能体现技术优势和创新能力的核心指标。网络创新知识创造包括专利标准成果和科研知识成果2个二级指标。

（1）专利标准成果。专利标准成果是指地区在专利的申请与授权、标准制定与修订等方面的成果。专利标准的授权是对创新成果的一种肯定，有利于创新成果进一步的商业运作，有利于创新成果向发展绩效转化。专利标准成果主要包括互联网及网信业发明专利申请、发明专利交易及实用新型申请。

（2）科研知识成果。科研知识成果是指地区在学术论文和科技论文等方面的创新成果。这些是创新过程的产出成果，反映了一个地区科技产出的成效，同时也是驱动过程的原材料，反映了通过驱动过程能够产生经济与社会效益的潜力。科研知识成果包括互联网及网信业科研成果。

4. 创新知识转化赋能

创新知识转化赋能是创新知识转化为创新产出的重要驱

动力量，承担着创新投入与产出之间的衔接职能。创新知识转化赋能反映了区域将知识创造和专利转化为社会发展的能力，是创新过程的外生力，起到推动企业创新活动和满足企业创新需求的重要作用。创新知识转化赋能可以有效改善创新过程本身存在的“政府失灵”问题，是培育地区创新能力和核心竞争力的保障。创新知识转化赋能主要包括引导扶持政策和成果转化服务 2 个二级指标。

（1）引导扶持政策。引导扶持政策是指国家、各地区政府将网络创新反映在政策上的引导扶持和推动力度。引导扶持政策包括网络创新引导扶持政策、网络创新税收优惠及减免政策两个三级指标。十八届五中全会强调将“网络强国”纳入“十三五”规划的战略体系之中，将发展网络文化环境、网络生态、模式创新等提升到新的国家战略高度。此外，李克强总理在 2015 年政府工作报告中提出“大众创业、万众创新”，并提出了“互联网 +”战略。在国家政策的支持下，全国各地区都在积极出台一系列促进网络创新的政策，积极促进和保障网络创新工作的顺利开展。

（2）成果转化服务。成果转化服务是指地区为创新成果商业化提供服务的力度。成果转化服务主要包括网络创新交流活跃度、孵化器和众创空间规模、政府网站绩效。其中，网络创新交流活跃度反映地区在网络创新方面的共享程度，孵化器和众创空间规模体现政府对创业企业的支持效率，政府网站绩效则体现地区政府的服务水平。

5. 网络创新产出绩效

网络创新产出绩效是指创新知识成果向社会发展绩效的转化效果，能准确地反映创新驱动过程的最终效果。一个地区能否将创新成果真正转化成产出绩效，能否对社会发展产生推动作用，是网络创新实施效果的集中体现。网络创新产出绩效是各地区开展网络创新活动所产生的成果和影响的集中表现。网络创新产出绩效主要分为互联网及网信企业绩效、互联网 + 产业融合 2 个二级指标。

（1）互联网及网信企业绩效。互联网及网信企业绩效是指地区网络经济和网络创新在互联网相关产业的效率与效果，包括上市互联网及网信企业发展规模、创建期互联网及网信企业发展规模、互联网及网信企业示范应用规模和互联网及网信企业净利润收益。根据 CNNIC 发布的《中国互联网络发展状况统计报告》，截至 2017 年，我国境内外上市的互联网企业数量达到 102 家，总体市值为 8.97 万亿人民币。其中，腾讯、阿里巴巴和百度公司的市值之和占总体市值的 73.9%。上市企业中的网络游戏、电子商务、文化传媒、网络金融和软件工具类企业分别占总数的 28.4%、14.7%、10.8%、9.8%、5.9%。中国上市互联网企业超百家，市值接近 9 万亿元人民币，这也从侧面说明了互联网企业创新绩效在稳步提升。

（2）互联网 + 产业融合。互联网 + 产业融合是指利用信息通信技术将互联网和传统产业相结合，创造一种新的形态，反映互联网要素在各产业的融合程度。互联网 + 产业融合并不是颠覆传统产业的运行，而是对传统产业进行转型升级。随着“互联网 +”的快速发展，“互联网 +”也逐渐向工业、商务、文化科技等领域渗透。这反映了创新成果逐渐与传统产业相融合，形成更加广泛的经济发展形态，进而提升社会的创造力和生产力。互联网 + 产业融合主要包括 iGPD、互联网要素与工业、商务、文化与科技、农业示范等产业的融合。其中，iGPD 是互联网对经济发展贡献水平的衡量，具体的指标释义见附录 A。

2.3 评价指数测算方法

评价指数测算方法主要包括数据预处理、评价指标赋权和评价处理流程三部分。

2.3.1 数据预处理

网络创新评价指标的基础数据范围涉及 31 个省、自治区和直辖市（统计暂不包括香港、台湾和澳门地区的数据）。基础数据的采集遵循稳定性、可信度、权威性、可追溯性、统一口径性的原则，对数据源的说明详见附录 A。

（1）数据标准化。评价指数测算首先要求各指标数据需要具备可比性。由于多数指标的测量单位不同，为了消除量纲影响以及变量自身变异和数值大小的影响，需要将数据进行标准化，使不同单位或量级的指标数据能够进行比较分析。

采用离差标准化方法，将变量的极差线性变换到 [0，1] 区间，计算公式为

$$x_{inew}=\frac{x_i-x_{\min}}{x_{\max}-x_{\min}}$$

式中，x_{inew} 是变换后的值；x_i 是待变换值；$x_{\max}$、$x_{\min}$ 分别为变量的最大值和最小值。

（2）数据重构。根据三级指标的解释，有些指标属于复合指标，如经济宜居发展水平等。因此，复合指标值是基于多个采集指标及其数据进行有效重构得出的，如按照均值方法生成衍生变量值。

2.3.2　评价指标赋权

网络创新评价指标体系是一个由多层级、多指标、多复合指标构成的指标体系，各项评价指标间的相对重要程度各不相同。因此，在用该指标体系对网络创新能力进行评价时，要确定各指标的权重。

（1）一级、二级指标赋权方法。采用熵权法分别对指标赋权重。熵权法是一种在综合考虑各因素所提供信息量的基础上，计算一个综合值的计算方法。用这种方法求得的每个指标的权重独立地包含评价指标体系对评价结果的影响，扩大了指标之间的差异性，从而能够显著区分指标的变化程度，同时避免主观干扰，其评价结果具有较强的科学理论依据。熵权法的算法见附录 B 的模型说明。

（2）三级指标赋权方法。采用主成分法确立指标权重。三级指标评价以地区基础数据为依据。主成分分析法是将多个变量转化为少数几个综合变量（即主成分），其中每个主成分都是原始变量的线性组合，这些主成分能够反映原始变量的绝大部分信息。这种方法能够克服单一指标不能真实评价对象实际情况的缺点，当引进多方面的指标时，将复杂因素归结为几个主成分，使复杂问题得以简化，同时得到更为客观、科学、准确的评价结果。主成分的算法见附录 B 的模型说明。

2.3.3 评价处理流程

采用自下而上的评价处理过程。

首先，基于三级指标及其基础数据，运用主成分法计算得到二级所属指标评分；其次，以二级指标评分为基础数据，运用熵权法对所在二级指标赋权，并采用乘权求和方法得到一级所属指标的综合评分值；再次，同理运用熵权法完成一级指标赋权，进而采用乘权求和方法得出地区网络创新综合评分值；最后，对于各地区 i 的综合评价分值 Y_i，将最高值

Y_{max} 定为 100，其他地区评价分值的相对值（指数）为

$$Z_i = \frac{Y_i}{Y_{max}} \times 100$$

由此得到各地区各层级的评价值 Z_i，然后可以针对各级指标的评价分按各指标对各地区做出排名。

本书通过开展地区实际网络创新能力水平、开展水平比较等深入分析，为地区网络创新发展决策提供科学、有效、翔实的数据信息支持。

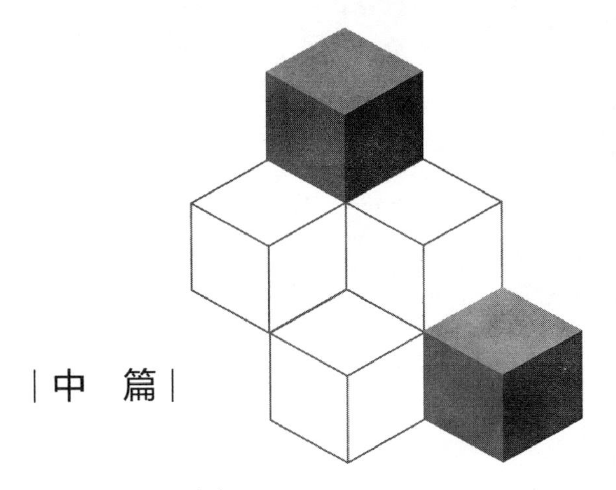

| 中篇 |

全国篇

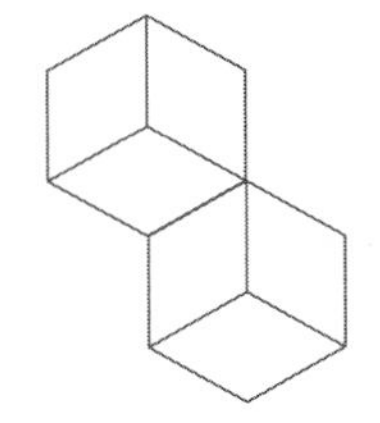

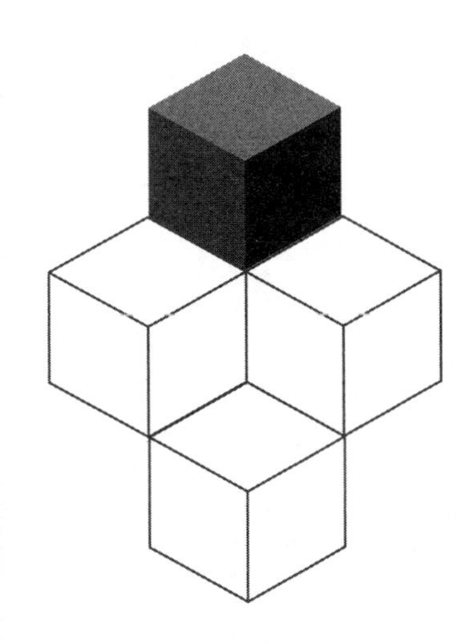

第 3 章

全国地区网络创新指数解析

本章对全国31个省、自治区和直辖市网络创新指数（暂不包括香港、台湾和澳门地区的数据），包括网络创新基础支撑环境、网络创新资源投入、网络创新知识创造、创新知识转化赋能与网络创新产出绩效5个分项指数进行了测算与解析。报告的基础数据均来源于公开发布或出版的统计年鉴、政府报告以及权威专业机构，主要包括：①《中国统计年鉴—2017》《中国科技统计年鉴—2017》《中国高新技术产业统计年鉴—2017》《中国工业经济统计年鉴—2017》《2017中国科技论文统计与分析报告》等；②国家各部委发布的报告及数据，包括工信部、教育部、科学技术部、农业部、商务部、生态环境部、国家统计局、国家自然科学基金委员会等；③权威数据信息服务机构，包括Web of Science、万德数据库、东方财富网、中国知网、中国学术会议网等；④权威研究中心与机构，包括国家工业信息安全发展研究中心、两化融合管理体系工作平台、清科研究中心、北大法宝、中国软件测评中心等。

3.1 网络创新指数解析

本节按照指标体系和数据指标测算方法进行分解和计算，得到2017年全国各地区网络创新指数，如图3-1所示。

图3-1表明，2017年网络创新指数排名前10的地区依次是北京市、广东省、江苏省、上海市、浙江省、福建省、山东省、天津市、四川省和辽宁省；排名位于第11到第20的地区依次是安徽省、湖北省、重庆市、陕西省、湖南省、江西省、河北省、河南省、吉林省和黑龙江省；排名位于第21到第31的地区依次是内蒙古自治区、广西壮族自治区、山西省、新疆维吾尔自治区、甘肃省、云南省、宁夏回族自治区、西藏自治区、海南省、贵州省和青海省。

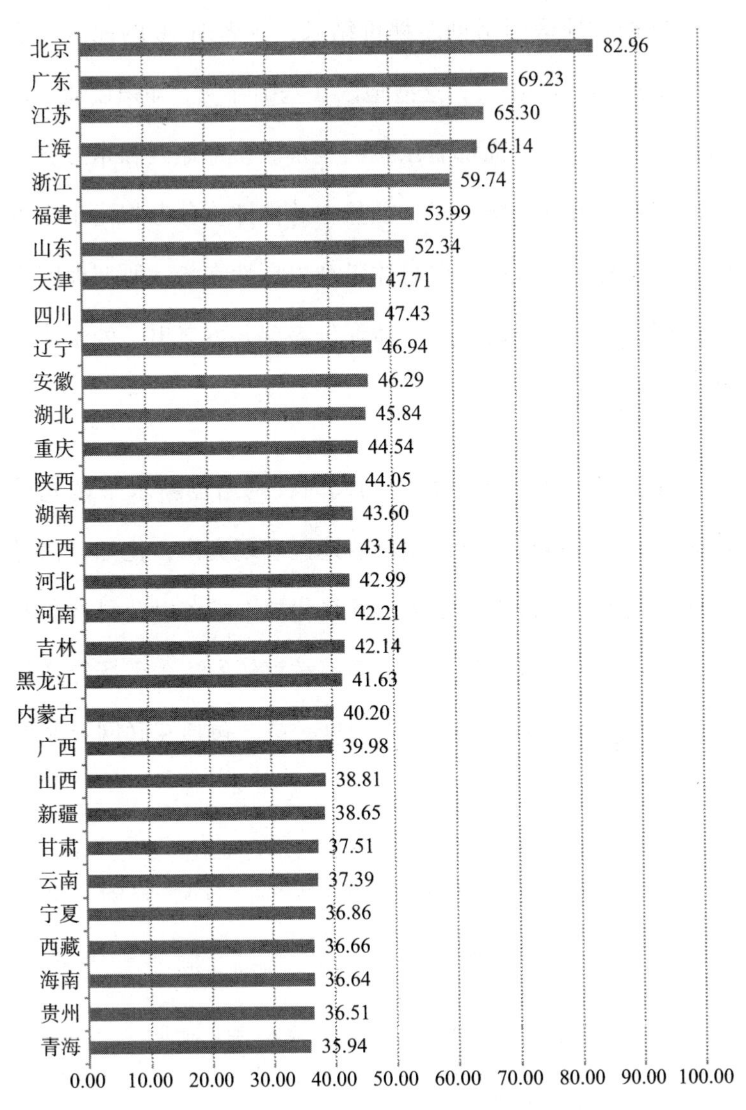

图 3-1　各地区网络创新指数的值与排序

依据各地区网络创新评价结果，排名前10的地区中前8名均来自东部地区[⊖]，这些地区在基础环境、知识创造、创新投入及产出等方面都有出色的表现。中部地区和东三省是网络创新发展的中坚力量，虽然在总体评价分上相比东南沿海地区还有一定差距，但总体呈现出良性态势。西部地区在网络创新方面相对弱势，总体评价表现并不突出，处于滞后状态。

在各具特色、多样发展的同时，网络创新水平领先的地区普遍在关键要素方面比落后地区表现突出，比如，信息化社会氛围、经济发展水平、网络化技术准备以及科技研发基础较好；教育资源较丰富且高等教育较发达；市场经济和第三产业发展快速；对外开放程度较高，包括互联网及网信

⊖ 根据《中共中央、国务院关于促进中部地区崛起的若干意见》《国务院发布关于西部大开发若干政策措施的实施意见》，将我国的经济区域划分为东部、中部、西部和东北四大地区。

东部地区包括北京、天津、河北、上海、江苏、浙江、福建、山东、广东和海南。

中部地区包括山西、安徽、江西、河南、湖北和湖南。

西部地区包括内蒙古、广西、重庆、四川、贵州、云南、西藏、陕西、甘肃、青海、宁夏和新疆。

东北地区包括辽宁、吉林和黑龙江。

企业自身、政府财政、吸引各类投资机构投入创新研发资金较多；企业信息化程度较高，研发投入强度大；政府在创新创业引导、扶持、税收政策方面力度较大，具有服务意识和成效；产学研合作水平较高。第 4 章将对关键要素的指标数据展开详尽分析，在此不再赘述。这些关键要素符合当地的特点，相互促进和加强，不断完善，呈现出可持续的创新生态体系的良好态势，共同造就了这些地区较强的网络创新水平。

各地区网络创新指数总指标的得分和排名，以及总指标下五个一级指标的得分和排名情况如表 3-1 所示。

基于各地区指数测算结果，采用聚类分析方法，得到全国网络创新水平梯队格局。第一梯队为北京市，属于创新能力超强地区；第二梯队包括广东省、江苏省、上海市、浙江省、福建省和山东省，均分布在东南沿海地区；第三梯队包括天津市、四川省、辽宁省、安徽省和湖北省；其余地区为第四梯队。而我国大部分地区均属于第四梯队，这意味着当前网络创新水平在一超多强的引领下，大部分地区还有待大力发展。

表 3-1　各地区网络创新指数及分指数得分和排名

地区	网络创新指数		网络创新基础支撑环境		网络创新资源投入		网络创新知识创造		创新知识转化赋能		网络创新产出绩效	
	得分	排名	得分	排名	得分	排名	得分	排名	得分	排名	得分	排名
北京	82.96	1	94.33	1	87.91	3	39.31	2	82.65	1	98.26	1
天津	47.71	8	63.59	7	49.77	16	43.80	1	46.85	17	39.82	16
河北	42.99	17	49.90	17	54.98	9	26.21	20	47.44	16	36.85	22
山西	38.81	23	49.85	18	43.03	23	23.87	28	44.89	21	34.14	29
内蒙古	40.20	21	51.74	14	42.64	24	22.85	29	52.20	11	34.29	27
辽宁	46.94	10	63.98	6	53.51	12	26.19	21	51.57	13	41.33	13
吉林	42.14	19	48.16	23	45.34	18	24.20	26	55.84	8	38.10	19
黑龙江	41.63	20	48.39	22	48.50	17	25.13	23	47.90	15	38.17	18
上海	64.14	4	81.72	2	58.40	6	29.67	13	78.36	3	69.60	2
江苏	65.30	3	67.06	5	90.57	1	36.16	5	68.65	5	59.84	5
浙江	59.74	5	73.22	3	69.79	4	35.49	6	55.35	9	61.18	4
安徽	46.29	11	48.77	21	52.11	15	37.15	4	53.33	10	41.35	12
福建	53.99	6	58.49	8	54.01	11	30.87	10	73.69	4	52.51	6
江西	43.14	16	44.33	27	45.15	19	28.55	16	61.34	6	38.01	20

山东	52.34	7	54.88	10	67.19	5	30.40	11	58.23	7	48.62	7
河南	42.21	18	45.12	26	53.35	13	26.88	19	45.77	19	38.74	17
湖北	45.84	12	51.14	15	55.40	8	32.58	8	45.33	20	43.53	10
湖南	43.60	15	47.06	24	52.55	14	29.12	14	46.82	18	41.17	14
广东	69.23	2	70.61	4	90.17	2	31.41	9	81.66	2	66.66	3
广西	39.98	22	41.86	30	44.89	20	25.24	22	51.99	12	36.22	23
海南	36.64	29	49.03	19	36.99	30	22.21	30	42.63	23	33.90	30
重庆	44.54	13	56.83	9	44.55	21	33.55	7	49.96	14	40.49	15
四川	47.43	9	51.82	13	56.72	7	38.07	3	42.98	22	46.06	9
贵州	36.51	30	42.98	28	39.99	27	24.89	25	39.63	26	34.94	26
云南	37.39	26	42.43	29	43.32	22	25.00	24	40.29	24	35.36	25
西藏	36.66	28	38.56	31	34.52	31	21.56	31	33.95	30	47.69	8
陕西	44.05	14	53.42	11	54.55	10	30.35	12	39.67	25	41.39	11
甘肃	37.51	25	45.24	25	40.82	26	28.90	15	37.48	28	35.57	24
青海	35.94	31	48.87	20	37.36	28	27.62	17	32.95	31	34.15	28
宁夏	36.86	27	50.84	16	37.03	29	26.89	18	38.22	27	33.65	31
新疆	38.65	24	52.46	12	42.61	25	23.89	27	36.44	29	37.66	21

3.2 网络创新基础支撑环境分指数解析

网络创新基础支撑环境指标由信息化社会氛围、网络化技术准备、经济宜居发展 3 个二级指标构成。

按照指数测算方法，对各地区网络创新基础支撑环境分指数进行测算，并进行排序，如图 3-2 所示。

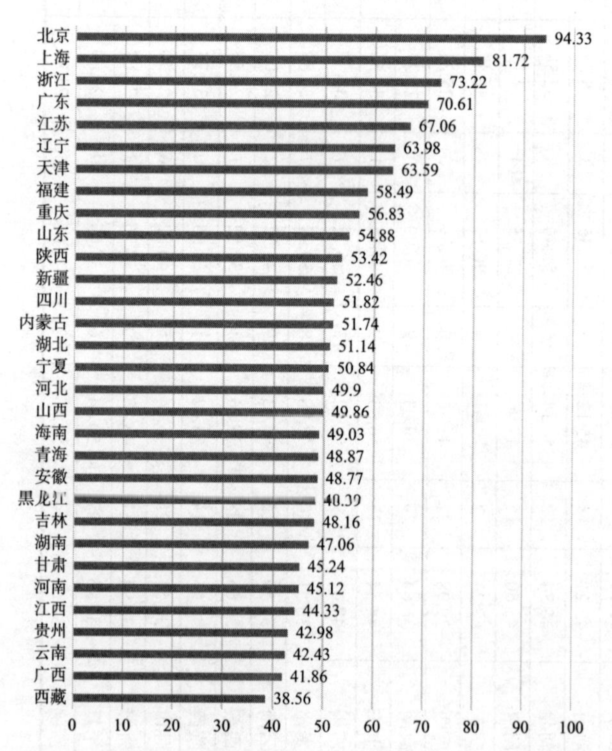

图 3-2 各地区网络创新基础支撑环境分指数的值与排序

测算所得的 2017 年各地区网络创新基础支撑环境分指数，排名前 10 的地区依次是北京市、上海市、浙江省、广东省、江苏省、辽宁省、天津市、福建省、重庆市和山东省；排名位于第 11 到第 20 名的地区依次是陕西省、新疆维吾尔自治区、四川省、内蒙古自治区、湖北省、宁夏回族自治区、河北省、山西省、海南省和青海省；排名位于第 21 到第 31 名的地区依次是安徽省、黑龙江省、吉林省、湖南省、甘肃省、河南省、江西省、贵州省、云南省、广西壮族自治区和西藏自治区。

表 3-2 为各地区网络创新基础支撑环境分指数的得分和排名，以及该指标下 3 个二级指标的得分和排名情况。

表 3-2　各地区网络创新基础支撑环境分指数及其下级指标得分和排名

地区	网络创新基础支撑环境 A		信息化社会氛围 A1		网络化技术准备 A2		经济宜居发展 A3	
	得分	排名	得分	排名	得分	排名	得分	排名
北京	94.33	1	93.65	1	86.02	2	84.24	1
天津	63.59	7	54.46	6	62.33	11	76.87	5
河北	49.90	17	41.74	18	53.21	19	56.59	14
山西	49.86	18	47.11	11	52.86	22	49.91	21
内蒙古	51.74	14	40.24	20	53.12	21	64.99	8
辽宁	63.98	6	66.59	3	65.92	8	58.35	12
吉林	48.16	23	41.82	17	49.45	25	54.84	16
黑龙江	48.39	22	48.19	8	47.69	27	49.47	22

（续）

地区	网络创新基础支撑环境 A		信息化社会氛围 A1		网络化技术准备 A2		经济宜居发展 A3	
	得分	排名	得分	排名	得分	排名	得分	排名
上海	81.72	2	85.18	2	80.54	4	78.63	2
江苏	67.06	5	43.61	14	84.56	3	76.90	4
浙江	73.22	3	59.16	5	89.78	1	72.01	6
安徽	48.77	21	42.18	16	57.02	15	47.62	25
福建	58.49	8	42.80	15	77.97	5	55.98	15
江西	44.33	27	32.42	28	55.82	18	46.30	26
山东	54.88	10	35.17	27	56.43	16	78.56	3
河南	45.12	26	30.18	30	48.43	26	60.56	10
湖北	51.14	15	38.54	23	58.53	13	58.78	11
湖南	47.06	24	37.60	25	51.55	23	54.04	18
广东	70.61	4	64.83	4	76.57	6	71.11	7
广西	41.86	30	32.04	29	53.14	20	41.35	29
海南	49.03	19	46.14	12	61.09	12	38.65	31
重庆	56.83	9	40.90	19	70.99	7	60.87	9
四川	51.82	13	39.96	21	62.71	10	54.41	17
贵州	42.98	28	36.36	26	46.28	29	47.68	24
云南	42.43	29	38.14	24	45.61	30	44.27	27
西藏	38.56	31	29.69	31	43.51	31	44.23	28
陕西	53.42	11	39.84	22	64.31	9	58.24	13
甘肃	45.24	25	47.90	9	46.45	28	40.38	30
青海	48.87	20	43.70	13	51.22	24	52.82	20
宁夏	50.84	16	48.31	7	56.18	17	47.87	23
新疆	52.46	12	47.20	10	57.34	14	53.56	19

在网络创新基础支撑环境分指标排名前10的地区中，前六名均来自东部地区，这些地区的经济发展水平较高，政府不断加强宽带建设、信息传输、软件及信息服务业等方面的投资力度，并不断改善电商及互联网相关行业发展水平，

而这些又强有力地促进了地区经济的发展，为网络创新的持续良性发展提供了经济支持。北京市、上海市、浙江省和江苏省等在信息化社会氛围、网络化技术准备和经济宜居发展这三个二级指标上均表现出色。例如，2017 年，北京市的互联网普及率已逼近 80%，上海市和广东省的互联网普及率也超过 70%。同样，2017 年，北京市第三产业增加值占 GDP 的比重已超过 80%，领跑全国，这有力地推动了网络化社会氛围的发展，在全国范围内属于领先水平。又如，北京市、上海市、浙江省和江苏省在互联网宽带接入端口规模方面分别排名第 2、第 5、第 1 和第 4，这是推动网络创新及互联网相关产业发展的重要基础设施。西部地区在网络创新基础支撑环境的得分上处于较低水平，但也有陕西省、四川省、重庆市等发展较好的地区引领西部地区的发展，这得益于近年来这些地区在创新、实体经济及“互联网 +”等方面做出的不懈努力。

3.3　网络创新资源投入分指数解析

网络创新资源投入指标由创新研发财力资源、创新研发人力资源和创新研发平台资源 3 个二级指标构成。

按照指数测算方法，对各地区网络创新资源投入分指数进行测算并排序，结果如图 3-3 所示。

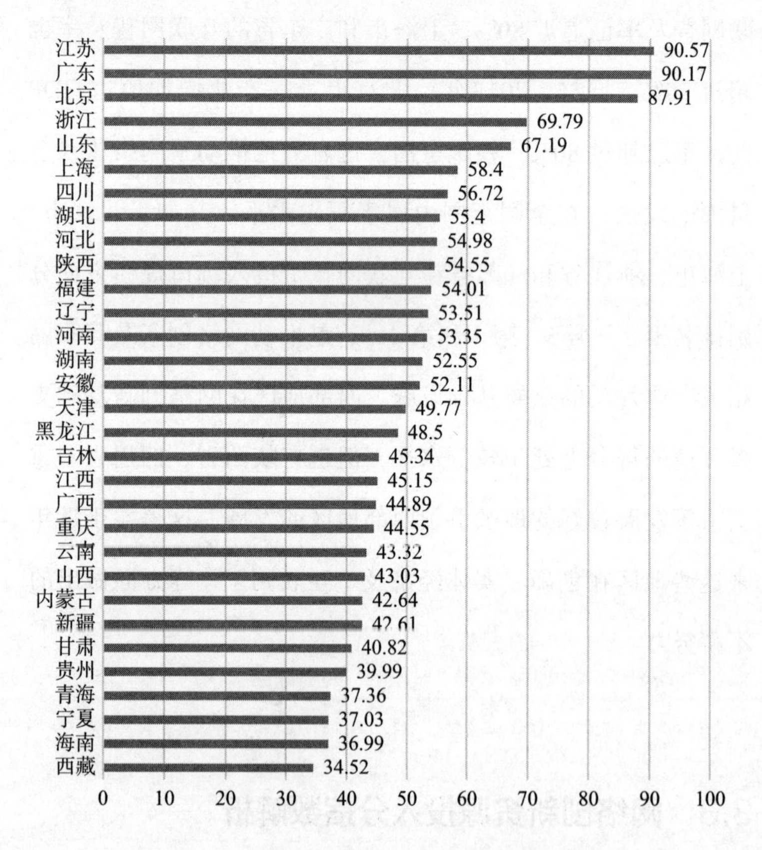

图 3-3　各地区网络创新资源投入分指数的值与排序

2017 年各地区网络创新资源投入分指数排名前 10 的地区依次是江苏省、广东省、北京市、浙江省、山东省、上海市、四川省、湖北省、河北省和陕西省；排名位于第 11 到第 20 名的地区依次是福建省、辽宁省、河南省、湖南省、安徽省、天津市、黑龙江省、吉林省、江西省和广西壮族自治区；排名位于第 21 到第 31 名的地区依次是重庆市、云南省、山西省、内蒙古自治区、新疆维吾尔自治区、甘肃省、贵州省、青海省、宁夏回族自治区、海南省和西藏自治区。

表 3-3 为各地区网络创新资源投入分指数的得分和排名，以及该指标下各二级指标的得分和排名情况。

表 3-3　各地区网络创新资源投入分指数及其下级指标得分和排名

地区	网络创新资源投入 B		创新研发财力资源 B1		创新研发人力资源 B2		创新研发平台资源 B3	
	得分	排名	得分	排名	得分	排名	得分	排名
北京	87.91	3	86.11	2	84.48	3	94.24	1
天津	49.77	16	65.80	5	43.89	16	44.71	22
河北	54.98	9	61.06	12	46.64	13	61.64	9
山西	43.03	23	48.86	24	40.03	21	42.40	24
内蒙古	42.64	24	49.91	21	39.98	22	40.35	26
辽宁	53.51	12	49.38	22	46.69	12	66.55	5
吉林	45.34	18	54.29	18	40.49	20	44.72	21
黑龙江	48.50	17	56.55	14	41.79	17	51.25	15
上海	58.40	6	61.33	11	60.13	6	53.52	12

（续）

地区	网络创新资源投入 B		创新研发财力资源 B1		创新研发人力资源 B2		创新研发平台资源 B3	
	得分	排名	得分	排名	得分	排名	得分	排名
江苏	90.57	1	89.27	1	89.09	2	93.75	2
浙江	69.79	4	69.66	4	72.77	4	65.70	6
安徽	52.11	15	62.10	10	47.71	11	49.99	16
福建	54.01	11	63.01	8	48.67	10	54.03	11
江西	45.15	19	50.31	20	40.88	19	46.87	18
山东	67.19	5	62.74	9	66.03	5	72.51	4
河南	53.35	13	55.04	17	53.18	7	52.18	14
湖北	55.40	8	55.53	15	50.32	9	62.45	8
湖南	52.55	14	63.60	7	46.25	14	52.22	13
广东	90.17	2	86.06	3	97.57	1	83.20	3
广西	44.89	20	53.35	19	38.71	24	46.57	19
海南	36.99	30	44.48	27	35.62	28	32.69	30
重庆	44.55	21	49.10	23	41.22	18	45.44	20
四川	56.72	7	65.43	6	51.44	8	56.89	10
贵州	39.99	27	42.29	30	38.00	25	40.86	25
云南	43.32	22	55.42	16	39.05	23	39.27	27
西藏	34.52	31	37.41	31	34.68	31	31.89	31
陕西	54.55	10	60.02	13	45.44	15	62.82	7
甘肃	40.82	26	44.75	26	37.17	26	42.69	23
青海	37.36	28	42.39	29	35.07	30	36.40	28
宁夏	37.03	29	42.99	28	35.32	29	34.47	29
新疆	42.61	25	47.22	25	36.85	27	46.88	17

在网络创新资源投入分指标中位于前5名的江苏省、广东省、北京市、浙江省和山东省处于绝对优势地位，新型技术研发投入规模较高，尤其是排名前3的江苏省、广东省和

北京市，该项的得分远高于全国平均水平。例如，2017 年，江苏省在信息传输、软件和信息技术服务业的全社会固定资产投资额超过 600 亿元人民币，北京市的互联网及网信业从业人数占地方总就业人数的比重已接近 70%，远远超过其他地区，而创新研发资本和人力恰是互联网及相关行业网络创新水平发展的重要动力。同时，西部地区的四川省、陕西省和中部地区的湖北省也位于前十名之列。以陕西省为例，陕西省统筹协调行业宽带基础设施建设，深入推进光纤入户，营造了良好的网络氛围。总体来说，中部地区和东三省处于中游位置。例如，从互联网及网信业从业人数规模来看，中部地区平均有 8.41 万人，东三省平均有 8.76 万人。而西部地区大多处于较低水平，在互联网及网信业从业人数规模方面，平均只有 4.97 万人，远低于中部地区和东三省地区。因此，西部地区应当更多加强网络创新资源投入力度，大力引进网络创新人才，增强互联网行业平台的建设。

3.4　网络创新知识创造分指数解析

网络创新知识创造指标由专利标准成果和科研知识成果

2 个二级指标构成。

按照指数测算方法，对各地区网络创新知识创造分指数进行测算并排序，结果如图 3-4 所示。

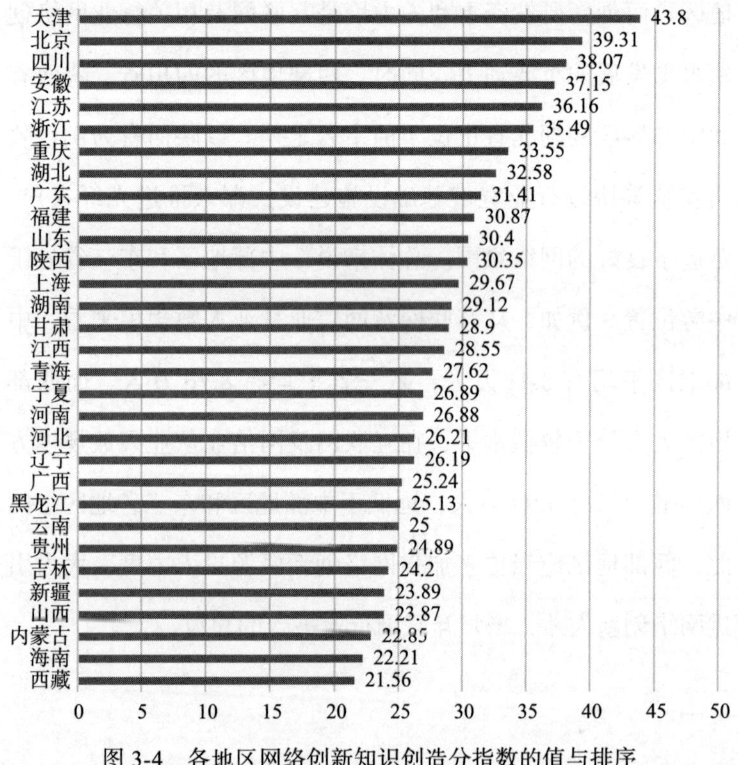

图 3-4 各地区网络创新知识创造分指数的值与排序

2017 年各地区网络创新知识创造分指数排名前 10 的地区依次是天津市、北京市、四川省、安徽省、江苏省、浙江省、重庆市、湖北省、广东省和福建省；排名位于第 11 到第 20 名的地区依次是山东省、陕西省、上海市、湖南省、甘肃省、江西省、青海省、宁夏回族自治区、河南省和河北省；排名位于第 21 到第 31 名的地区依次是辽宁省、广西壮族自治区、黑龙江省、云南省、贵州省、吉林省、新疆维吾尔自治区、山西省、内蒙古自治区、海南省和西藏自治区。

表 3-4 为各地区网络创新知识创造分指数的得分和排名，以及该指标下 2 个二级指标的得分和排名情况。

表 3-4　各地区网络创新知识创造分指数及其下级指标评分排名

地区	网络创新知识创造 C		专利标准成果 C1		科研知识成果 C2	
	得分	排名	得分	排名	得分	排名
北京	39.31	2	38.10	17	39.93	1
天津	43.80	1	84.79	1	22.81	5
河北	26.21	20	36.71	18	20.83	16
山西	23.87	28	30.98	27	20.23	26
内蒙古	22.85	29	27.96	29	20.24	25
辽宁	26.19	21	34.59	21	21.88	12
吉林	24.20	26	30.84	28	20.80	17
黑龙江	25.13	23	32.95	25	21.12	15
上海	29.67	13	36.14	20	26.35	2
江苏	36.16	5	60.14	5	23.88	3
浙江	35.49	6	60.36	4	22.76	6

（续）

地区	网络创新知识创造 C		专利标准成果 C1		科研知识成果 C2	
	得分	排名	得分	排名	得分	排名
安徽	37.15	4	69.37	2	20.65	19
福建	30.87	10	50.71	8	20.72	18
江西	28.55	16	44.76	13	20.24	23
山东	30.40	11	47.70	10	21.54	13
河南	26.88	19	36.53	19	21.94	11
湖北	32.58	8	51.46	7	22.92	4
湖南	29.12	14	42.96	14	22.04	10
广东	31.41	9	48.63	9	22.59	7
广西	25.24	22	34.55	22	20.47	22
海南	22.21	30	26.27	30	20.14	29
重庆	33.55	7	57.50	6	21.28	14
四川	38.07	3	69.22	3	22.12	9
贵州	24.89	25	33.98	23	20.24	24
云南	25.00	24	33.78	24	20.50	21
西藏	21.56	31	24.57	31	20.02	30
陕西	30.35	12	45.65	11	22.52	8
甘肃	28.90	15	45.26	12	20.52	20
青海	27.62	17	42.50	15	20.00	31
宁夏	26.89	18	39.93	16	20.21	28
新疆	23.89	27	31.08	26	20.22	27

在网络创新知识创造分指数上，仍旧是东部地区领跑全国，东南沿海、京津冀地区、珠三角地区普遍在该项有较出色的水平。这些地区应该继续充分发挥地域优势，加强高校、科研机构及企业研发活动对网络创新的支持作用，不断推进专利及科研成果在实际中的应用。例如，江苏省在专利

标准成果及科研知识成果方面拥有较高水平，2017 年，江苏省的互联网及网信业 SCI 论文数量位于全国第 4。中部地区和西部地区在该项处于中游水平，陕西省以其高校数量为优势在该项目排名 12，CSCD 论文数量达到 0.52 篇 / 万人，SCI 论文数量达到 0.12 篇 / 万人，但距离东部领先地区仍存在差异。例如，北京 CSCD 论文数量达到 3.07 篇 / 万人，SCI 论文数量达到 2.09 篇 / 万人；上海 CSCD 论文数量达到 0.8 篇 / 万人，SCI 论文数量达到 0.9 篇 / 万人。海南以及西部部分地区（例如青海、西藏等）在该项上处于欠发达状态，总体表现为高校数量较少且网络创新氛围不足，企业创新活动欠缺，因而没有足够的相关知识创新来支持地区网络创新水平的发展。

3.5　创新知识转化赋能分指数解析

创新知识转化赋能指标由引导扶持政策和成果转化服务 2 个二级指标构成。

按照指数测算方法，对各地区创新知识转化赋能分指数进行测算并排序，结果如图 3-5 所示。

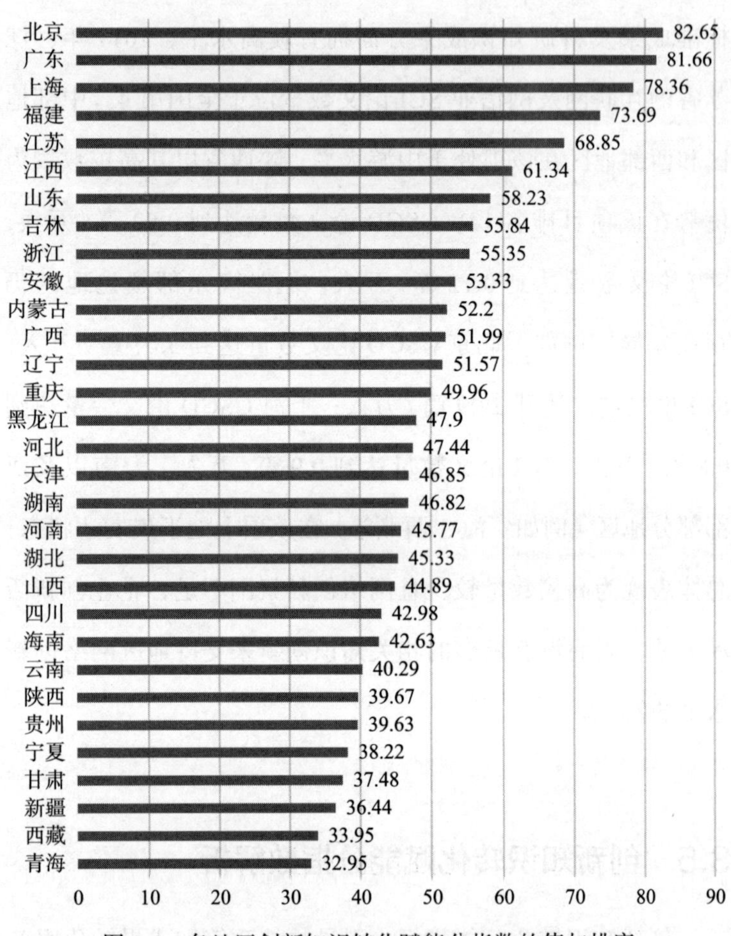

图 3-5　各地区创新知识转化赋能分指数的值与排序

2017 年各地区创新知识转化赋能分指数排名前 10 的地区依次是北京市、广东省、上海市、福建省、江苏省、江西省、山东省、吉林省、浙江省和安徽省；排名位于第 11 到第 20 名的地区依次是内蒙古自治区、广西壮族自治区、辽宁省、重庆市、黑龙江省、河北省、天津市、湖南省、河南省和湖北省；排名位于第 21 到第 31 名的地区依次是山西省、四川省、海南省、云南省、陕西省、贵州省、宁夏回族自治区、甘肃省、新疆维吾尔自治区、西藏自治区和青海省。

表 3-5 为各地区创新知识转化赋能分指数的得分和排名，以及该指标下 2 个二级指标的得分和排名情况。

表 3-5　各地区创新知识转化赋能分指数及其下级指标得分和排名

地区	创新知识转化赋能 D		引导扶持政策 D1		成果转化服务 D2	
	得分	排名	得分	排名	得分	排名
北京	82.65	1	77.34	4	90.50	1
天津	46.85	17	35.75	28	63.25	5
河北	47.44	16	37.62	26	61.95	7
山西	44.89	21	33.28	29	62.06	6
内蒙古	52.20	11	46.24	14	61.00	9
辽宁	51.57	13	45.33	15	60.80	10
吉林	55.84	8	54.90	9	57.22	12
黑龙江	47.90	15	41.80	16	56.92	13
上海	78.36	3	84.98	1	68.58	3
江苏	68.65	5	70.03	5	66.61	4
浙江	55.35	9	50.94	11	61.87	8
安徽	53.33	10	52.31	10	54.83	15
福建	73.69	4	83.15	3	59.71	11
江西	61.34	6	66.62	6	53.55	16

（续）

地区	创新知识转化赋能 D		引导扶持政策 D1		成果转化服务 D2	
	得分	排名	得分	排名	得分	排名
山东	58.23	7	60.40	7	55.03	14
河南	45.77	19	41.25	19	52.45	17
湖北	45.33	20	41.46	18	51.05	18
湖南	46.82	18	46.25	13	47.66	21
广东	81.66	2	83.53	2	78.90	2
广西	51.99	12	55.02	8	47.52	22
海南	42.63	23	38.76	23	48.35	20
重庆	49.96	14	49.36	12	50.85	19
四川	42.98	22	40.80	20	46.20	23
贵州	39.63	26	38.79	22	40.87	26
云南	40.29	24	37.71	25	44.10	25
西藏	33.95	30	32.05	31	36.76	27
陕西	39.67	25	36.52	27	44.32	24
甘肃	37.48	28	38.86	21	35.44	28
青海	32.95	31	32.05	30	34.28	29
宁夏	38.22	27	41.59	17	33.24	31
新疆	36.44	29	38.58	24	33.27	30

在创新知识转化赋能分指标上，位于前五名的北京市、广东省、上海市、福建省和江苏省处于绝对优势地位，远高于全国平均水平，无论是政府政策引导，还是创新驱动赋能方面，都处于较高水平，这与其地域、资源、人才等有利因素密不可分。中部地区和东北地区处于中游水平。中部地区平均颁布了355项网络创新引导扶持政策，东北地区平均颁

布了 229 项网络创新引导扶持政策。西部地区处于较低水平，平均颁布了 164 项网络创新引导扶持政策。西部地区应当加强政府的政策引导和支持力度，强化创新成果的转化和运用。

3.6　网络创新产出绩效分指数解析

网络创新产出绩效指标包括互联网及网信企业绩效和互联网 + 产业融合 2 个二级指标。

根据指数测算方法进行分解和测算，得到各地区网络创新产出绩效分指数的得分与排序，如图 3-6 所示。

2017 年各地区网络创新产出绩效分指数排名前 10 的地区依次是北京市、上海市、广东省、浙江省、江苏省、福建省、山东省、西藏自治区、四川省和湖北省；排名位于第 11 到第 20 名的地区依次是陕西省、安徽省、辽宁省、湖南省、重庆市、天津市、河南省、黑龙江省、吉林省和江西省；排名位于第 21 到第 31 名的地区依次是新疆维吾尔自治区、河北省、广西壮族自治区、甘肃省、云南省、贵州省、内蒙古自治区、青海省、山西省、海南省和宁夏回族自治区。

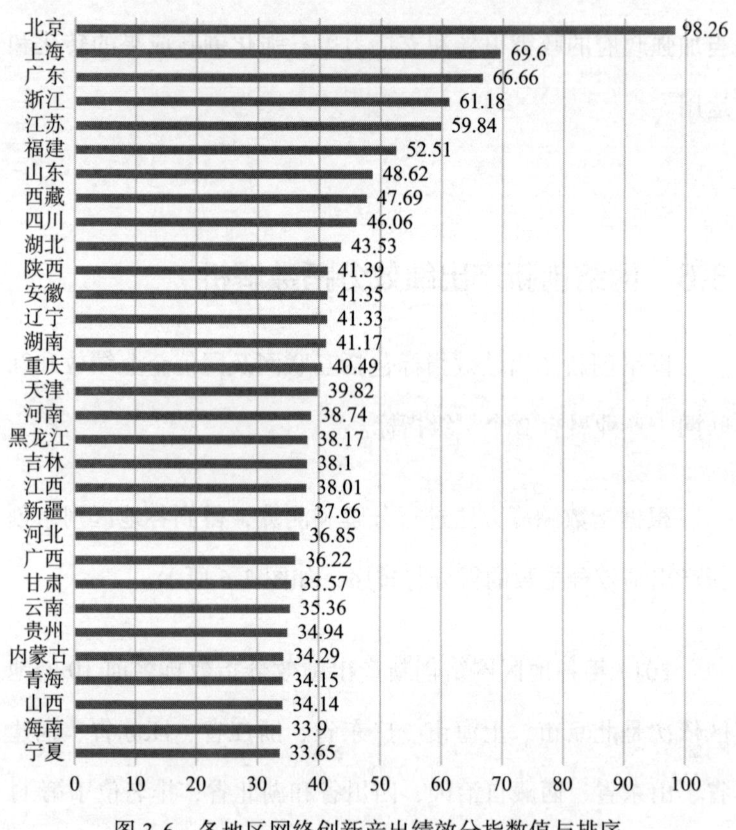

图 3-6　各地区网络创新产出绩效分指数值与排序

表 3-6 为各地区网络创新产出绩效分指数的得分和排名，以及该指标下 2 个二级指标的得分和排名情况。

表 3-6　各地区网络创新产出绩效分指数及其下级指标得分和排名

地区	网络创新产出绩效 E		互联网及网信企业绩效 E1		互联网 + 产业融合 E2	
	得分	排名	得分	排名	得分	排名
北京	98.26	1	92.02	1	87.71	1
天津	39.82	16	36.96	11	45.07	22
河北	36.85	22	30.17	29	49.10	17
山西	34.14	29	30.65	24	40.52	28
内蒙古	34.29	27	30.29	27	41.62	26
辽宁	41.33	13	36.58	12	50.02	16
吉林	38.10	19	33.04	18	47.37	20
黑龙江	38.17	18	32.35	19	48.83	18
上海	69.60	2	70.00	2	68.86	5
江苏	59.84	5	46.31	6	84.64	2
浙江	61.18	4	52.62	5	76.85	3
安徽	41.35	12	32.13	20	58.24	9
福建	52.51	6	45.01	7	66.24	7
江西	38.01	20	31.18	23	50.52	15
山东	48.62	7	38.45	9	67.25	6
河南	38.74	17	31.94	21	51.20	14
湖北	43.53	10	37.72	10	54.16	10
湖南	41.17	14	34.30	17	53.77	11
广东	66.66	3	64.92	3	69.84	4
广西	36.22	23	30.26	28	47.14	21
海南	33.90	30	35.24	14	31.46	30
重庆	40.49	15	35.95	13	48.79	19
四川	46.06	9	39.17	8	58.69	8
贵州	34.94	26	31.76	22	40.77	27
云南	35.36	25	30.50	25	44.28	24
西藏	47.69	8	58.58	4	27.73	31
陕西	41.39	11	34.88	15	53.31	12

（续）

地区	网络创新产出绩效 E		互联网及网信企业绩效 E1		互联网 + 产业融合 E2	
	得分	排名	得分	排名	得分	排名
甘肃	35.57	24	30.39	26	45.06	23
青海	34.15	28	34.45	16	33.60	29
宁夏	33.65	31	28.82	31	42.51	25
新疆	37.66	21	29.21	30	53.14	13

在网络创新产出绩效分指标上，北京市以 98.26 分的成绩远高于全国平均水平，上海市和广东省以接近 70 分的成绩位居第 2、第 3 名，浙江省和江苏省以 60 分左右的成绩位居第 4、第 5 名。总体来说，东部地区得分较高，平均分为 56.7。中部地区和东三省位于中游水平，平均分分别为 39.5 和 39.2。西部地区平均分最低，为 38.1。该指标体现了互联网企业经济绩效及传统行业与互联网的融合绩效，由于东部地区在软件、信息及互联网相关行业拥有绝对丰厚的资源优势，互联网相关行业的企业数量十分可观，共拥有 326 家互联网与网信业上市公司，总市值超过 10 万亿元人民币，因此在该项得到了绝对高分。而其他地区也应当注重互联网企业的引进，积极引导传统企业向“互联网”+ 等新兴发展模式转型。

第4章

全国地区网络创新关键指标数据分析

4.1 网络创新关键指标选取说明

网络创新能力关键指标选取确定原则：①能够在很大程度上反映 2017 年各地区网络创新能力发展水平；②指标数据源为权威部门发布的有效年鉴。

网络创新需要具备网络创新基础支撑环境。人力教育素质、互联网宽带端口普及率、国民经济发展水平是网络创新基础支撑环境的关键指标。人力教育素质是指地区大专以上学历人数占地区人口的比例，在一定程度上可以体现地区人员的整体创新潜在能力，素质越高，在网络创新活动中发挥的作用也就越大。互联网宽带端口普及率反映了地区互联网覆盖程度，同时反映了使用互联网技术创新与应用的受众基础。国民经济发展水平衡量该地区可以为网络创新提供经济与市场发展支持的能力。

网络创新资源投入是地区网络创新的核心能力。创新研发人力资源、创新研发财力资源、创新研发平台资源是网络创新资源投入的关键指标。创新研发人力资源决定了一个地区创新潜力的大小，是创新活动的主体。在创新系统中人才不仅带来直接的创新成果，如专利发明、科技论著，也是成果的传播者和推广者。网络创新研发人才的衡量指标包括互联网及网信业从业人数规模、互联网及网信业高学历人才规模。创新研发财力资源是创新活动的推动力量，资金投入主体包括创新企业主体、政府财政、投资及基金等机构，充足的创新财力资源投入，为网络创新提供了坚实的经费支撑，也体现出地区网络创新的活力、潜力和实力。关键指标互联网及网信企业研发资金规模体现了企业对创新活动的投入力度，政府对科研项目基金资助规模体现了政府对网络创新活动的重视程度。创新研发平台资源是科研创新活动提供的服务机构和项目等，是国家创新体系的重要组成部分，更是地区网络创新体系的重要基础，平台助力人才资源和创新经费相融合，成为网络创新驱动发展的坚实基础和助推器。

网络创新知识创造是由创新活动产生的知识成果。互联网及网信业发明专利交易、科研成果是衡量网络创新知识创造成果的关键指标，是创新系统的创新过程阶段性产出成果资源，以及创新驱动发展的开端资源。科研论文专著等创新成果反映出地区科技产出成果在国内、国际的影响力水平，包括 CSCD 收录科技论文数以及 SCI 收录科技论文数，也反映了通过驱动转化产生经济和社会效益的潜力。发明专利及交易规模是对创新知识成果的一种肯定，反映了地区创新产出和技术水平。

网络创新知识转化是网络创新体系的重要组成部分之一，是将创新成果转化为社会发展现实动力的必经阶段。而创新知识转化赋能体现了地区将知识创造和专利转化成社会发展的能力，起到整合科技资源、提供创新服务、连接各类创新主体的驱动作用。网络创新引导扶持政策、孵化器和众创空间规模、政府网站绩效是创新知识转化赋能的关键指标。网络创新引导扶持政策反映了地区政策规范的创新驱动的力度。孵化器和众创空间规模反映了地区为实现网络科技创新成果转化提供服务的情况。政府网站绩效主要反映了地区电子政务的服务效率和水平。

网络创新发展产出是创新驱动发展的最终目的，而网络创新产出绩效反映了创新成果向各行业发展和社会经济发展绩效的转化。为此，本项目选取了地区在国内外上市互联网及网信企业发展规模，新三板创建期互联网及网信企业发展规模，互联网对个人消费支出、企业投入、公共开支以及贸易平衡发展的贡献（简称 iGPD），互联网 + 工业融合为关键指标。

由此确定关键指标，包括人力教育素质、国民经济发展水平、互联网宽带端口普及率、互联网及网信企业研发资金规模、互联网及网信业从业人数规模、互联网及网信业高学历人才规模、政府对科研项目基金资助规模、互联网及网信业发明专利交易、互联网及网信业科研成果、网络创新引导扶持政策、孵化器和众创空间规模、政府网站绩效、上市互联网及网信企业发展规模、创建期互联网及网信企业发展规模、iGPD、互联网 + 工业融合共计 16 项关键指标。

4.2　各地区之间网络创新关键指标数据比较

4.2.1　网络创新基础支撑环境关键指标

2017 年，全国各地区在人力教育素质、国民经济发展水平和互联网宽带端口普及率的表现如表 4-1 所示。

表 4-1　网络创新基础支撑环境关键指标

地区	人力教育素质		国民经济发展水平		互联网宽带端口普及率	
	大专及以上占比	排名	人均 GDP（元 / 人）	排名	端口数（端口 / 万人）	排名
北京	45.46%	1	118 198	1	0.82	2
天津	25.61%	3	115 053	3	0.46	17
河北	10.31%	21	43 062	19	0.51	14
山西	13.57%	13	35 532	27	0.43	25
内蒙古	18.28%	4	72 064	8	0.48	15
辽宁	18.02%	5	50 791	14	0.74	3
吉林	14.15%	9	53 868	12	0.57	8
黑龙江	13.47%	14	40 432	22	0.52	13
上海	30.05%	2	116 562	2	0.66	5
江苏	16.61%	6	96 887	4	0.71	4
浙江	15.19%	8	84 916	5	0.84	1
安徽	9.37%	24	39 561	25	0.41	26
福建	11.52%	19	74 707	6	0.64	6
江西	8.98%	26	40 400	23	0.45	21
山东	12.28%	17	68 733	9	0.47	16
河南	7.96%	29	42 575	20	0.46	18
湖北	13.92%	10	55 665	11	0.44	23
湖南	11.65%	18	46 382	16	0.35	28
广东	13.83%	11	74 016	7	0.59	7
广西	7.99%	28	38 027	26	0.43	24
海南	9.68%	23	44 347	17	0.57	9
重庆	12.61%	16	58 502	10	0.54	12
四川	8.99%	25	40 003	24	0.45	20
贵州	7.01%	30	33 246	29	0.31	31
云南	8.69%	27	31 093	30	0.35	29

（续）

地区	人力教育素质		国民经济发展水平		互联网宽带端口普及率	
	大专及以上占比	排名	人均 GDP（元 / 人）	排名	端口数（端口 / 万人）	排名
西藏	5.25%	31	35 184	28	0.32	30
陕西	12.79%	15	51 015	13	0.55	11
甘肃	10.72%	20	27 643	31	0.36	27
青海	9.69%	22	43 531	18	0.44	22
宁夏	15.37%	7	47 194	15	0.45	19
新疆	13.73%	12	40 564	21	0.55	10

在人力教育素质方面，北京排名第 1，大专及以上人口占比为 45.46%；其次是上海，大专及以上人口占比为 30.05%。在国民经济发展水平方面，北京排名第 1，上海排名第 2。在互联网宽带端口普及率方面，浙江排名第 1，北京排名第 2。

4.2.2　网络创新资源投入关键指标

2017 年，各地区在互联网及网信企业研发资金规模、互联网及网信业从业人数规模、互联网及网信业高学历人才规模的表现如表 4-2 所示。2017 年，政府对科研项目基金资助规模由获得国家级及各部委科研基金资助项目数量以及获得国家级及各部委科研基金资助基金额 / 分地区普通高等学校数两个指标组成，具体如表 4-3 所示。

表 4-2 网络创新资源投入关键指标

地区	互联网及网信企业研发资金规模		互联网及网信业从业人数规模		互联网及网信业高学历人才规模	
	研发资金占比	排名	人数（万）	排名	人数（万）	排名
北京	0.078 7%	1	69.22	1	31.47	1
天津	0.064 9%	2	4.85	21	1.24	11
河北	0.013 4%	23	8.42	13	0.87	17
山西	0.018 9%	17	4.97	20	0.67	20
内蒙古	0.014 3%	19	4.85	21	0.89	16
辽宁	0.041 2%	6	12.58	8	2.27	6
吉林	0.009 1%	26	6.41	17	0.91	15
黑龙江	0.019 7%	16	7.29	16	0.98	13
上海	0.063 5%	3	26.78	4	8.05	2
江苏	0.040 0%	7	27.32	3	4.54	4
浙江	0.058 3%	4	18.61	5	2.83	5
安徽	0.030 1%	12	8.01	14	0.75	19
福建	0.032 5%	10	9.11	12	1.05	12
江西	0.014 0%	22	5.6	18	0.50	22
山东	0.025 3%	13	18.25	7	2.24	7
河南	0.013 1%	24	12.16	10	0.97	14
湖北	0.037 7%	8	12.33	9	1.72	8
湖南	0.032 2%	11	7.4	15	0.86	18
广东	0.044 8%	5	43.51	2	6.02	3
广西	0.008 9%	28	4.23	24	0.34	25
海南	0.014 3%	20	1.62	28	0.16	28
重庆	0.035 1%	9	4.58	23	0.58	21
四川	0.015 3%	18	18.41	6	1.66	9
贵州	0.009 0%	27	3.6	25	0.25	27
云南	0.024 3%	14	5	19	0.43	23

（续）

地区	互联网及网信企业研发资金规模		互联网及网信业从业人数规模		互联网及网信业高学历人才规模	
	研发资金占比	排名	人数（万）	排名	人数（万）	排名
西藏	0.002 1%	31	0.48	31	0.03	31
陕西	0.023 7%	15	11.15	11	1.43	10
甘肃	0.008 2%	29	2.75	27	0.29	26
青海	0.006 3%	30	0.89	29	0.09	30
宁夏	0.014 2%	21	0.78	30	0.12	29
新疆	0.010 9%	25	2.9	26	0.40	24

表 4-3　政府对科研项目基金资助规模

地区	获得国家级及各部委科研基金资助项目数量（个）	排名	获得国家级及各部委科研基金资助基金额（万元）/分地区普通高等学校数（所）	排名
北京	362	1	238.48	1
天津	60	12	64.04	5
河北	17	20	8.44	20
山西	21	19	15.24	18
内蒙古	2	24	2.45	23
辽宁	79	9	41.09	11
吉林	37	15	38.25	13
黑龙江	57	13	41.48	10
上海	157	4	145.78	2
江苏	215	2	75.96	4
浙江	109	6	60.73	6
安徽	39	14	19.96	17
福建	34	17	21.63	16
江西	3	23	1.84	24
山东	66	11	26.92	15
河南	32	18	13.10	19
湖北	98	7	45.36	8

（续）

地区	获得国家级及各部委科研基金资助项目数量（个）	排名	获得国家级及各部委科研基金资助基金额（万元）/分地区普通高等学校数（所）	排名
湖南	82	8	38.98	12
广东	147	5	60.34	7
广西	6	21	5.08	21
海南	0	28	0.00	28
重庆	36	16	32.20	14
四川	78	10	43.28	9
贵州	1	26	0.88	27
云南	2	24	1.74	25
西藏	0	28	0.00	28
陕西	167	3	110.11	3
甘肃	4	22	4.73	22
青海	0	28	0.00	28
宁夏	0	28	0.00	28
新疆	1	26	1.41	26

由表 4-2 和表 4-3 可知，在互联网及网信企业研发资金规模方面，北京排名第 1，天津排名第 2，上海排名第 3。在互联网及网信业从业人数规模方面，北京人数最多，达到 69.22 万人，广东是人数次多的省份，为 43.51 万人。在互联网及网信业高学历人才规模方面，北京有最多的高学历网络从业人员，共 31.47 万人。在政府对科研项目基金资助规模方面，北京在获得国家级及各部委科研基金资助项目数量和获得国家级及各部委科研基金资助基金额 / 分地区普通高

等学校数方面均名列前茅。江苏获得 215 项科研基金资助项目，全国排名第 2。在地区学校平均基金额方面，上海位于第 2。

4.2.3　网络创新知识创造关键指标

2017 年，各地区在互联网及网信业发明专利交易、互联网及网信业科研成果方面的表现如表 4-4 所示。

表 4-4　网络创新知识创造关键指标

地区	互联网及网信业发明专利交易		互联网及网信业科研成果			
	万人网络发明专利技术成交额（元 / 万人）	排名	CSCD（篇 / 万人）	排名	SCI（篇 / 万人）	排名
北京	569 505	6	3.07	1	2.09	1
天津	1 151 325	2	0.41	4	0.21	3
河北	70 233	23	0.07	20	0.01	24
山西	85 124	21	0.06	25	0.02	20
内蒙古	25 103	28	0.04	27	0.00	29
辽宁	256 522	11	0.25	8	0.03	13
吉林	181 906	14	0.14	14	0.03	14
黑龙江	172 341	16	0.18	11	0.02	16
上海	291 413	9	0.80	2	0.60	2
江苏	232 836	12	0.33	5	0.15	4
浙江	106 651	20	0.18	10	0.11	7
安徽	271 719	10	0.14	13	0.03	12
福建	47 495	27	0.11	17	0.03	15

（续）

地区	互联网及网信业发明专利交易		互联网及网信业科研成果			
	万人网络发明专利技术成交额（元/万人）	排名	CSCD（篇/万人）	排名	SCI（篇/万人）	排名
江西	141 085	18	0.07	21	0.01	23
山东	217 552	13	0.08	19	0.01	22
河南	48 121	26	0.14	15	0.02	17
湖北	734 827	3	0.32	6	0.06	9
湖南	142 741	17	0.24	9	0.09	8
广东	174 291	15	0.14	16	0.06	10
广西	80 934	22	0.06	24	0.00	27
海南	21 519	29	0.05	26	0.02	19
重庆	319 972	8	0.29	7	0.13	5
四川	1 626 631	1	0.16	12	0.03	11
贵州	56 788	24	0.03	29	0.01	25
云南	116 512	19	0.04	28	0.01	26
西藏	820	30	0.02	31	0.00	30
陕西	2 424	4	0.52	3	0.12	6
甘肃	3 804	7	0.10	18	0.02	18
青海	1 743	5	0.03	30	0.01	21
宁夏	4 161	25	0.07	22	0.00	30
新疆	2 758	30	0.06	23	0.00	28

在互联网及网信业发明专利交易方面，四川排名第 1，天津排名第 2，湖北排名第 3。在 CSCD 科技论文方面，北京排名第 1，上海排名第 2，陕西排名第 3。在 SCI 科技论文方面，北京排名第 1，上海排名第 2，天津排名第 3。

4.2.4　创新知识转化赋能关键指标

2017 年，各地区在网络创新引导扶持政策、孵化器和众创空间规模、政府网站绩效方面的表现如表 4-5 所示。

表 4-5　创新知识转化赋能关键指标

地区	网络创新引导扶持政策		孵化器和众创空间规模		政府网站绩效	
	扶持政策数量（个）	排名	数量（个）	排名	得分	排名
北京	408	10	49	4	93.4	1
天津	112	27	8	23	72	23
河北	310	14	16	17	76.3	17
山西	166	23	26	11	79.5	16
内蒙古	156	24	13	19	73	21
辽宁	314	13	22	13	72.8	22
吉林	223	17	7	26	73.6	20
黑龙江	151	25	5	29	65	26
上海	553	5	41	6	91.1	2
江苏	941	2	93	1	86.7	7
浙江	761	3	49	4	89.6	6
安徽	415	9	22	13	85.2	10
福建	504	7	27	10	90.6	4
江西	203	19	35	7	83.8	11
山东	736	4	51	3	80.5	15
河南	552	6	30	9	68.9	24
湖北	347	12	26	11	86.5	8
湖南	448	8	20	15	80.7	14
广东	967	1	84	2	90.4	5
广西	231	16	12	22	82.7	12
海南	167	22	5	29	85.4	9
重庆	218	18	13	19	68.1	25

（续）

地区	网络创新引导扶持政策		孵化器和众创空间规模		政府网站绩效	
	扶持政策数量（个）	排名	数量（个）	排名	得分	排名
四川	376	11	13	19	90.9	3
贵州	96	28	7	26	81.6	13
云南	170	21	8	23	75.3	18
西藏	11	31	2	31	60.1	31
陕西	236	15	32	8	74.1	19
甘肃	174	20	17	16	64.3	27
青海	84	29	7	26	60.7	30
宁夏	137	26	8	23	62	29
新疆	82	30	16	17	62.5	28

在网络创新引导扶持政策方面，广东排名第 1，共颁布扶持政策 967 项；江苏紧随其后，共颁布 941 项；第 3 名是浙江，共颁布 761 项。在孵化器和众创空间规模方面，江苏排名第 1，共建立了 93 个孵化器和众创空间；广东排名第 2，建立了 84 个孵化器和众创空间；山东排名第 3，建立了 51 个孵化器和众创空间。在政府网站绩效方面，北京、上海和四川位于前 3 位。

4.2.5 网络创新产出绩效关键指标

2017 年，各地区上市互联网及网信企业发展规模、创建期互联网及网信企业发展规模的表现如表 4-6 所示。

表 4-6 上市互联网及网信企业发展规模和创建期互联网及网信企业发展规模

地区	上市互联网及网信企业发展规模				创建期互联网及网信企业发展规模			
	上市公司数量（个）	排名	上市公司市值（亿元）	排名	新三板创建期公司数量（个）	排名	新三板公司市值（亿元）	排名
北京	92	1	21 481.04	3	27	1	263.25	1
天津	5	12	741	11	1	11	0.19	19
河北	4	13	201.48	15	0	20	0	20
山西	0	27	0	27	1	11	1.08	18
内蒙古	0	27	0	27	0	20	0	20
辽宁	6	10	365.47	12	0	20	0	20
吉林	3	16	101.32	19	0	20	0	20
黑龙江	1	22	15.59	26	1	11	4.23	14
上海	40	3	4 270.176	4	14	2	111.95	2
江苏	32	4	3 815.438	5	2	10	4.94	13
浙江	29	5	33 076.56	2	4	5	10.23	8
安徽	4	13	915.77	8	1	11	2.48	16
福建	18	6	1 396.33	6	4	5	13.05	7
江西	2	18	130.84	18	1	11	3.39	15
山东	13	8	884.39	10	5	4	19.36	5
河南	4	13	219.37	14	3	8	7.06	11
湖北	10	9	1 337.49	7	4	5	15.75	6
湖南	6	10	311.38	13	0	20	0	20
广东	92	1	38 429.12	1	8	3	37	3
广西	2	18	136.39	17	1	11	7.07	10
海南	1	22	186.1	16	0	20	0	20
重庆	0	27	0	27	1	11	1.1	17
四川	16	7	904.52	9	3	8	36.42	4
贵州	2	18	92.82	20	1	11	8.5	9
云南	1	22	23.48	25	0	20	0	20
西藏	1	22	55.03	22	0	20	0	20

（续）

地区	上市互联网及网信企业发展规模				创建期互联网及网信企业发展规模			
	上市公司数量（个）	排名	上市公司市值（亿元）	排名	新三板创建期公司数量（个）	排名	新三板公司市值（亿元）	排名
陕西	3	16	80.45	21	1	11	5.26	12
甘肃	0	27	0	27	0	20	0	20
青海	1	22	42.43	24	0	20	0	20
宁夏	0	27	0	27	0	20	0	20
新疆	2	18	50.35	23	0	20	0	20

在上市互联网及网信企业数量方面，广东和北京并列第1，均有92家互联网及网信业上市公司；上海排名第3，有40家互联网与网信业上市公司。在上市公司市值方面，广东排名第1，高达38 429.12亿元，浙江排名第2，北京排名第3。在创建期互联网及网信企业数量方面，北京排名第1，共27家；上海排名第2，共14家；广东排名第3，共8家。在三板公司市值方面，北京、上海和广东仍位于前3名。

2017年，各地区在iGPD、互联网+工业融合方面的表现如表4-7所示。

表4-7 iGPD和互联网+工业融合

地区	iGPD		互联网+工业融合	
	得分	排名	得分	排名
北京	46 091	1	0.410 39	6

（续）

地区	iGPD		互联网 + 工业融合	
	得分	排名	得分	排名
天津	5 844	16	0.217 582	15
河北	4 927	18	0.244 622	13
山西	2 382	21	0.057 842	28
内蒙古	848	27	0.132 967	19
辽宁	7 708	14	0.243 024	14
吉林	3 057	20	0.082 218	25
黑龙江	4 947	17	0.080 753	26
上海	20 681	5	0.379 421	7
江苏	41 518	3	0.728 438	1
浙江	28 742	4	0.549 084	4
安徽	12 440	7	0.422 011	5
福建	8 718	11	0.327 006	8
江西	2 238	23	0.175 758	17
山东	19 090	6	0.674 226	2
河南	7 914	12	0.304 129	9
湖北	10 880	9	0.253 447	12
湖南	7 909	13	0.261 072	11
广东	45 740	2	0.669 098	3
广西	4 553	19	0.121 212	22
海南	373	29	0.029 304	30
重庆	6 138	15	0.177 822	16
四川	11 367	8	0.142 091	18
贵州	1 875	24	0.085 348	24
云南	2 259	22	0.071 595	27
西藏	42	31	0.014 652	31
陕西	8 774	10	0.282 717	10
甘肃	1 340	25	0.095 205	23
青海	240	30	0.056 943	29
宁夏	657	28	0.123 077	21
新疆	950	26	0.126 174	20
来源	项目组采集计算		项目组采集计算	

在 iGPD 方面，北京排名第 1，广东排名第 2，江苏排名第 3。在互联网 + 工业融合方面，江苏排名第 1，山东排名第 2，广东排名第 3。互联网 + 工业融合具体指标及各地区表现如表 4-8 所示。

表 4-8　互联网 + 工业融合具体指标

地区	智能制造试点示范项（个）	制造业“双创”平台试点示范项目（个）	新型工业化产业示范基地（个）	两化融合示范企业数量（个）	信息消费创新应用示范项目（个）	智能制造示范企业数量（个）	工业品牌培育示范企业数量（个）
北京	3	13	21	3	3	7	1
天津	0	7	14	1	2	1	5
河北	4	4	32	1	2	3	1
山西	2	0	8	0	0	2	0
内蒙古	0	5	15	1	0	3	0
辽宁	1	5	23	2	2	5	1
吉林	1	4	7	0	1	0	0
黑龙江	1	4	1	0	1	1	0
上海	4	8	15	3	3	7	3
江苏	8	7	53	6	9	4	13
浙江	11	13	36	2	2	6	6
安徽	9	6	12	2	10	3	0
福建	6	0	16	2	5	5	5
江西	4	2	9	2	0	3	1
山东	8	6	58	3	3	15	13
河南	5	8	18	1	3	1	4

（续）

地区	智能制造试点示范项（个）	制造业“双创”平台试点示范项目（个）	新型工业化产业示范基地（个）	两化融合示范企业数量（个）	信息消费创新应用示范项目（个）	智能制造示范企业数量（个）	工业品牌培育示范企业数量（个）
湖北	2	1	32	1	1	7	5
湖南	6	3	7	3	1	1	4
广东	8	7	79	6	3	11	5
广西	2	0	14	1	2	2	0
海南	0	0	4	0	1	1	0
重庆	1	3	23	1	1	1	4
四川	2	1	9	3	0	2	0
贵州	0	0	7	1	0	3	2
云南	1	0	7	1	1	1	0
西藏	0	3	0	0	0	1	0
陕西	1	25	3	1	6	3	1
甘肃	3	13	0	1	0	0	2
青海	3	7	0	0	0	0	0
宁夏	3	19	1	1	2	0	0
新疆	0	5	0	1	5	4	2

4.3　各地区关键指标表现与全国均值比对分析

本节旨在采用柱形图的方式直观地呈现 2017 年各地区关键指标表现与全国均值比对结果。考虑到指标量纲不一致，因此对比结果以相对值呈现在柱形图中，即该地区关键指标的实际表现相对于全国关键指标平均值的相对数据。考虑到有些地区相关指标的分值是全国（地区）平均水平的多倍，为了便于图形呈现，对柱条做了截尾处理。

4.3.1 北京

如图 4-1 所示，北京的 16 项关键指标均高于全国平均水平。其中，在网络创新产出绩效方面，创建期互联网及网信企业发展规模比全国平均水平高出 10.99 倍，上市互联网及网信企业发展规模达到全国平均水平的 682%；在网络创新知识创造方面，互联网及网信业科研成果高出全国平均水平 8.73 倍，互联网及网信业发明专利交易达到全国平均水平的 198%；在网络创新资源投入方面，互联网及网信业高学历人才规模和从业人数规模分别达到全国平均水平的 611% 和 610%；在网络创新基础支撑环境方面，人力教育素质比全国平均水平高出 3.62 倍。

4.3.2 天津

如图 4-2 所示，天津有 5 项关键指标高于全国平均水平。网络创新知识创造方面的优势明显，互联网及网信业科研成果和发明专利交易分别达到全国平均水平的 140% 和 405%；在网络创新资源投入方面，互联网及网信企业研发资金规模达到全国平均水平的 257%，但政府对科研项目基金资助规模存在较大的进步空间，仅为全国平均水平的 16%；在网络创新基础支撑环境方面，人力教育素质达到全国平均水平的 234%。

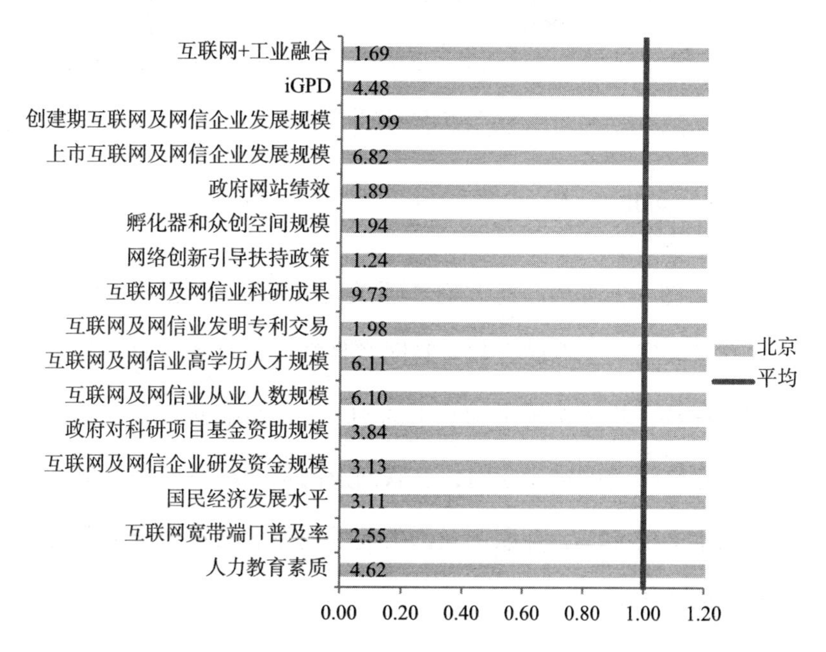

图 4-1　北京关键指标表现

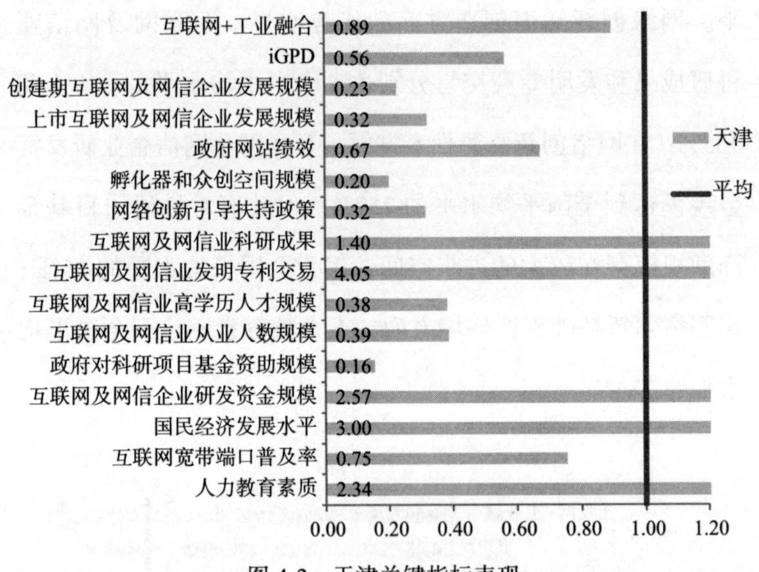

图 4-2 天津关键指标表现

4.3.3 河北

如图 4-3 所示，河北有 2 项关键指标高于全国平均水平。互联网 + 工业融合和互联网宽带端口普及率方面存在一定的优势，均为全国平均水平的 101%；网络创新知识创造方面存在一定的进步空间，互联网及网信业科研成果为全国平均水平的 44%，互联网及网信业发明专利交易为全国平均水平的 20%。

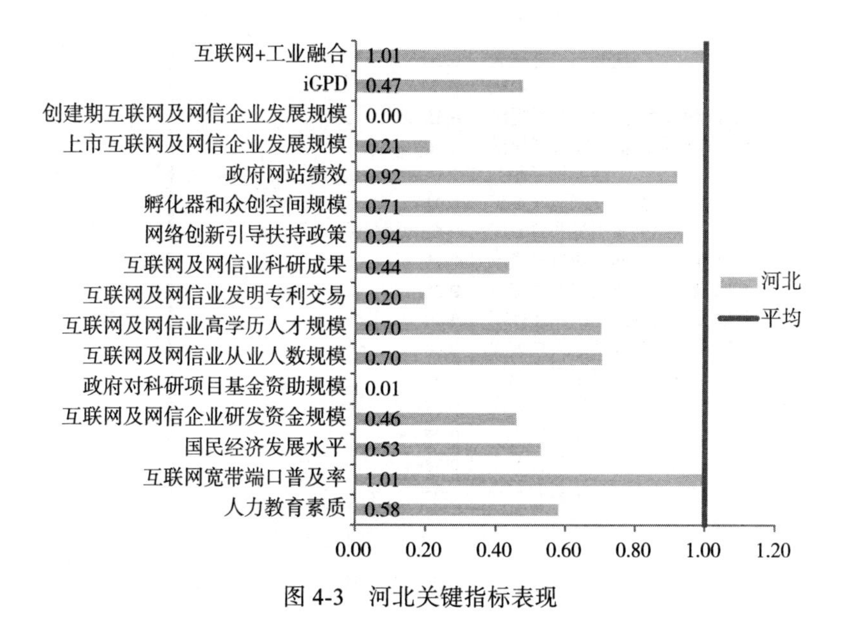

图 4-3　河北关键指标表现

4.3.4　山西

如图 4-4 所示，山西有 1 项关键指标高于全国平均水平，政府网站绩效达到全国平均水平的 110%；孵化器和众创空间规模以及人力教育素质分别为全国平均水平的 93% 和 95%，存在一定的提升空间；网络创新产出绩效方面有较大的进步空间，iGPD 仅为全国平均水平的 23%。

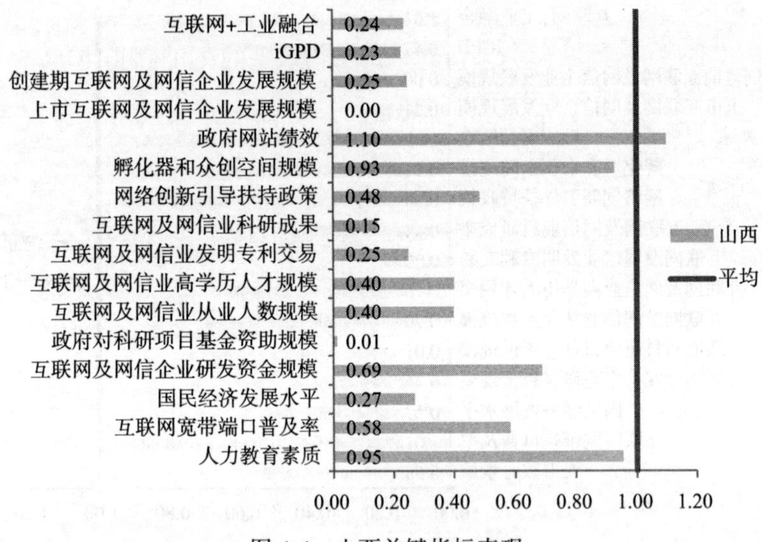

图 4-4 山西关键指标表现

4.3.5 内蒙古

如图 4-5 所示，内蒙古有 2 项关键指标高于全国平均水平。在网络创新基础支撑环境方面，人力教育素质达到全国平均水平的 150%；网络创新知识创造方面存在较大的进步空间，互联网及网信业科研成果仅为全国平均水平的 15%，互联网及网信业发明专利交易仅为全国平均水平的 4%。

4.3.6 辽宁

如图 4-6 所示，辽宁有 5 项关键指标高于全国平均水平。在网络创新基础支撑环境方面，互联网宽带端口普及率和人力教育素质分别达到全国平均水平的 214% 和 147%；在网络创新资源投入方面，互联网及网信业高学历人才规模和从业人数规模分别达到全国平均水平的 108% 和 107%，互联网及网信企业研发资金规模达到全国平均水平的 160%；网络创新产出绩效方面有一定的进步空间，iGPD 不足全国平均水平的 80%。

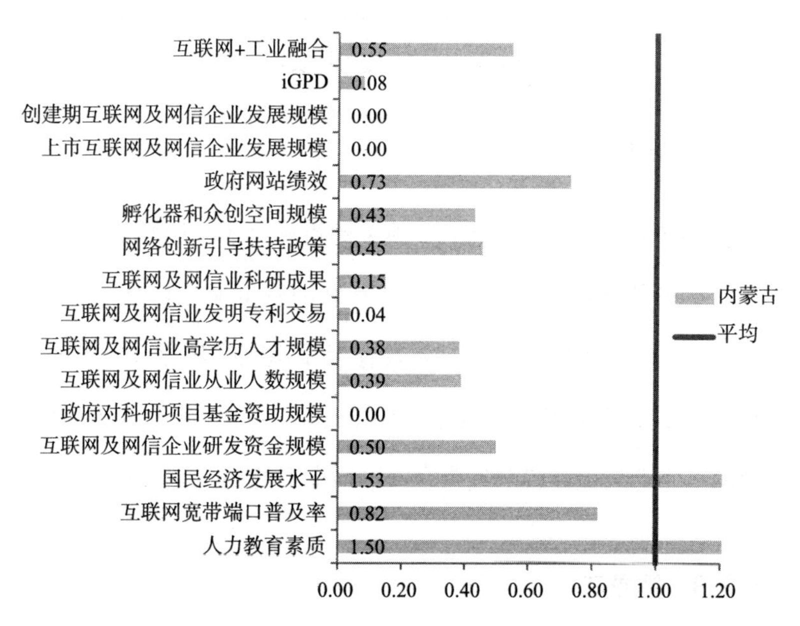

图 4-5 内蒙古关键指标表现

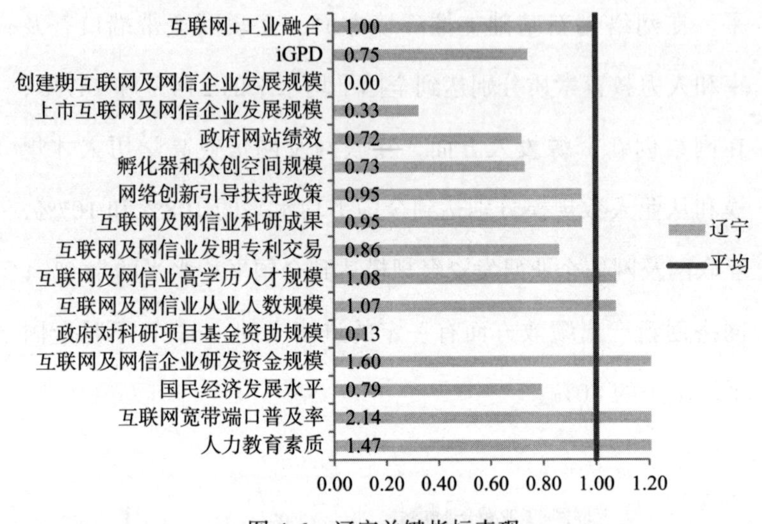

图 4-6 辽宁关键指标表现

4.3.7 吉林

如图 4-7 所示，吉林有 2 项关键指标高于全国平均水平。在网络创新基础支撑环境方面，互联网宽带端口普及率达到全国平均水平的 129%，人力教育素质达到全国平均水平的 102%；网络创新产出绩效方面有待提高，iGPD 和上市互联网及网信企业发展规模分别为全国平均水平的 29% 和 15%。

4.3.8 黑龙江

如图 4-8 所示，黑龙江有 1 项关键指标高于全国平均水平。互联网宽带端口普及率达到全国平均水平的 102%。网络创新知识创造方面有较大的进步空间，互联网及网信业科研成果和发明专利交易均不足全国平均水平的 60%。

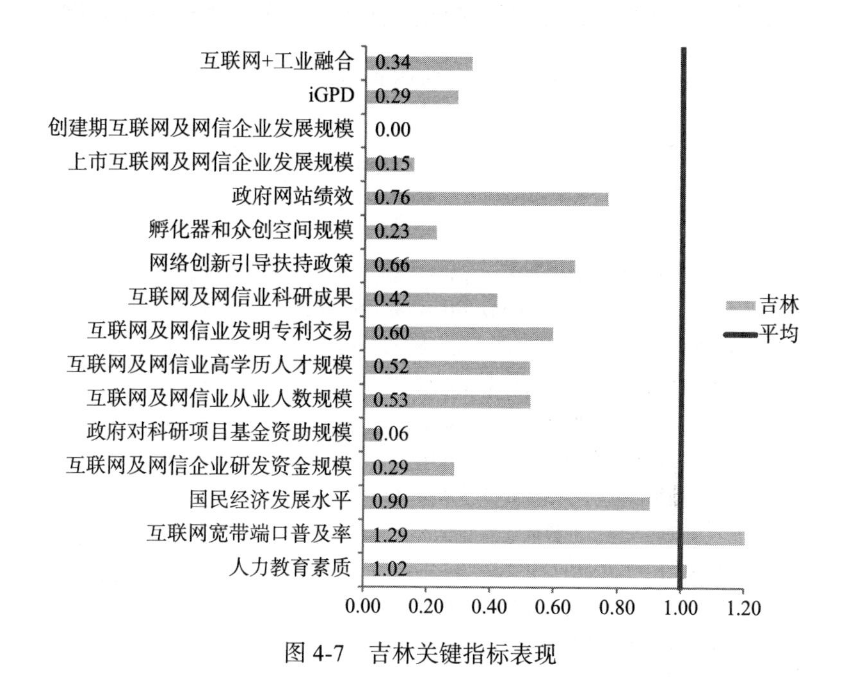

图 4-7　吉林关键指标表现

4.3.9 上海

如图 4-9 所示，上海有 15 项关键指标高于全国平均水平。在网络创新产出绩效方面，iGPD 达到全国平均水平的 201%，创建期互联网及网信企业发展规模高出全国平均水平4.66倍；在网络创新知识创造方面，互联网及网信业科研成果达到全国平均水平的312%，互联网及网信业发明专利交易存在进步空间，为全国平均水平的99%；网络创新资源投入优势明显，互联网及网信业高学历人才规模和互联网及网信企业研发资金规模分别达到全国平均水平的234%和251%。

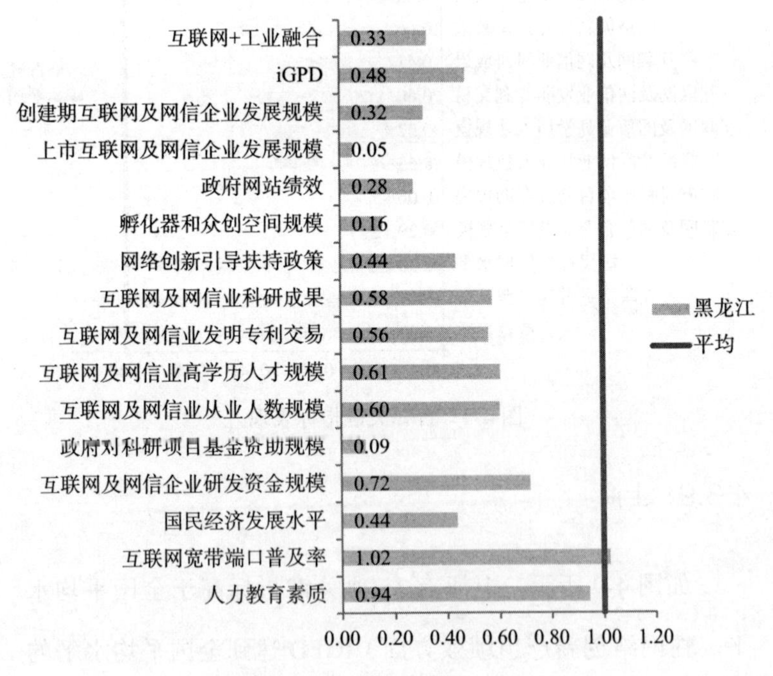

图4-8　黑龙江关键指标表现

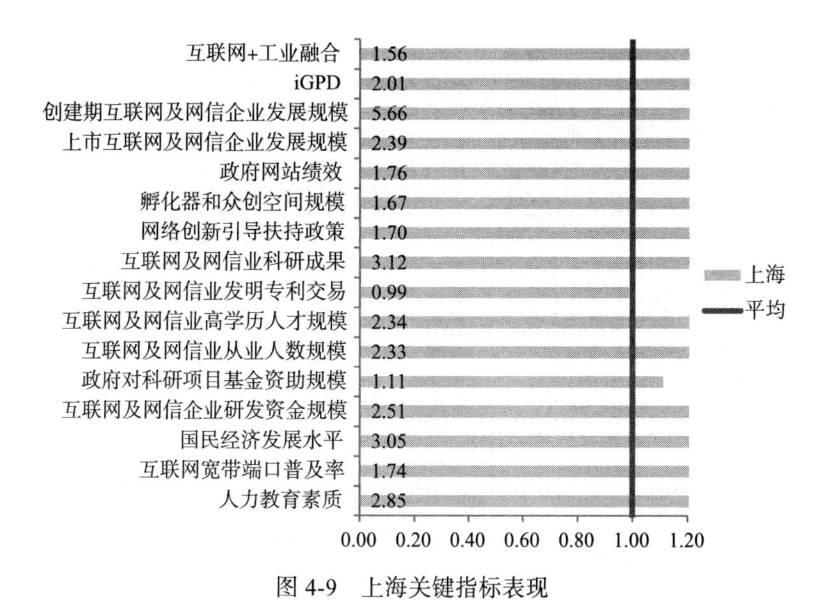

图 4-9 上海关键指标表现

4.3.10 江苏

如图 4-10 所示，江苏有 13 项关键指标高于全国平均水平。其中，在网络创新产出绩效方面，iGPD 高出全国平均水平 3.03 倍，创建期互联网及网信企业发展规模有待提高，不足全国平均水平的 60%；创新知识转化赋能方面优势明显，孵化器和众创空间规模高出全国平均水平 3.07 倍；在网络创新资源投入方面，互联网及网信业高学历人才规模和从业人数规模均达到全国平均水平的 238%。

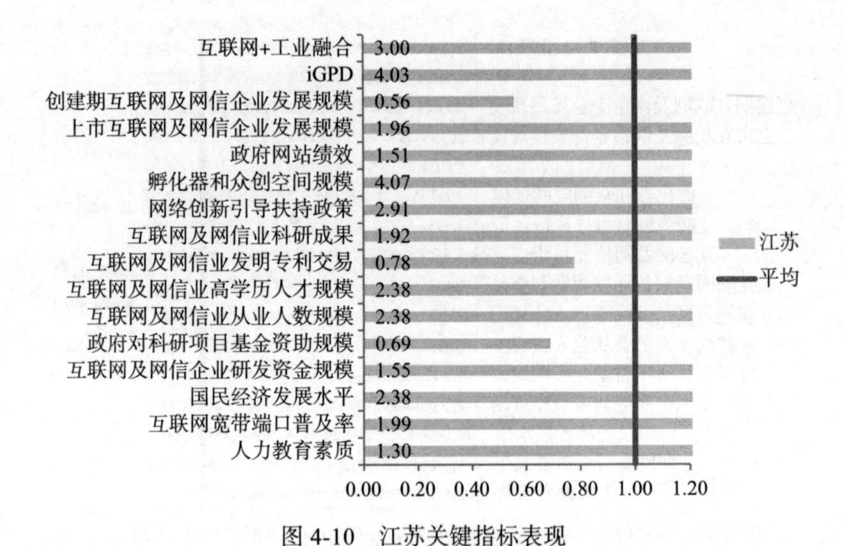

图 4-10 江苏关键指标表现

4.3.11 浙江

如图 4-11 所示，浙江有 14 项关键指标高于全国平均水平。网络创新产出绩效方面优势明显，上市互联网及网信企业发展规模高出全国平均水平 4.15 倍，iGPD 达到全国平均水平的 279%；在创新知识转化赋能方面，孵化器和众创空间规模以及网络创新引导扶持政策分别为全国平均水平的 211% 和 235%；互联网及网信业发明专利交易方面有较大的进步空间，仅为全国平均水平的 33%。

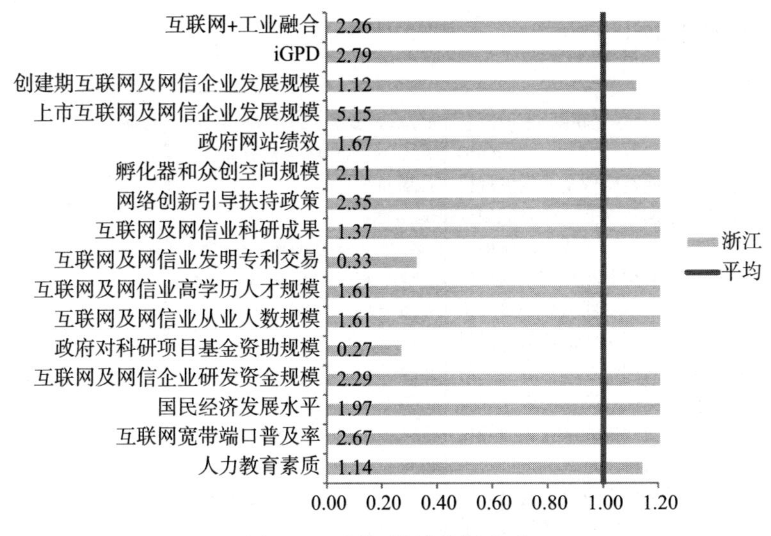

图 4-11　浙江关键指标表现

4.3.12　安徽

如图 4-12 所示，安徽有 5 项关键指标高于全国平均水平。其中，在网络创新产出绩效方面，互联网 + 工业融合和 iGPD 分别达到全国平均水平的 174% 和 121%，创建期互联网及网信企业发展规模和上市互联网及网信企业发展规模有较大的进步空间，分别为全国平均水平的 28% 和 29%；在创新知识转化赋能方面，政府网站绩效和网络创新引导扶持政策分别达到全国平均水平的 142% 和 126%。在网络创新资源投入方面，互联网及网信企业研发资金规模达到全国平均水平的 114%。

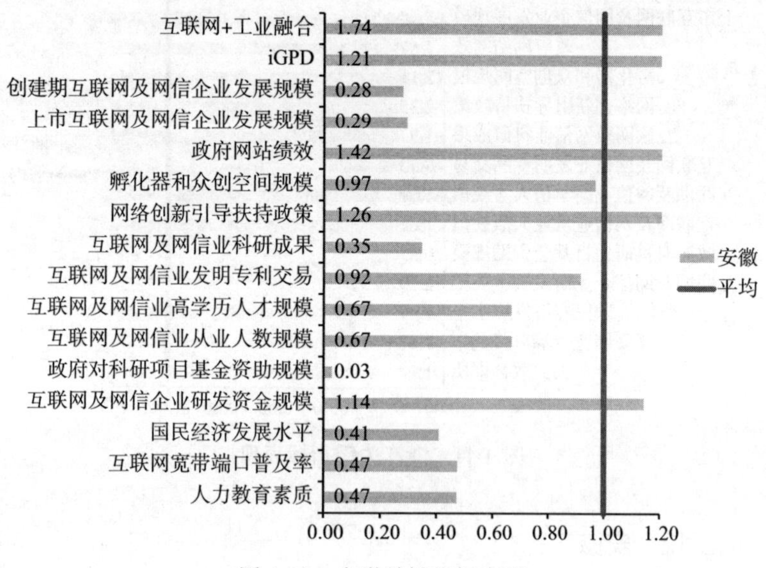

图 4-12 安徽关键指标表现

4.3.13 福建

如图 4-13 所示，福建有 8 项关键指标高于全国平均水平。在网络创新产出绩效方面，互联网 + 工业融合达到全国平均水平的 134%，iGPD 存在一定的进步空间，为全国平均水平的 84%；在创新知识转化赋能方面，政府网站绩效和网络创新引导扶持政策有一定的优势，分别达到全国平均水平的 173% 和 154%；在网络创新基础支撑环境方面，互联网宽带端口普及率达到全国平均水平的 164%。

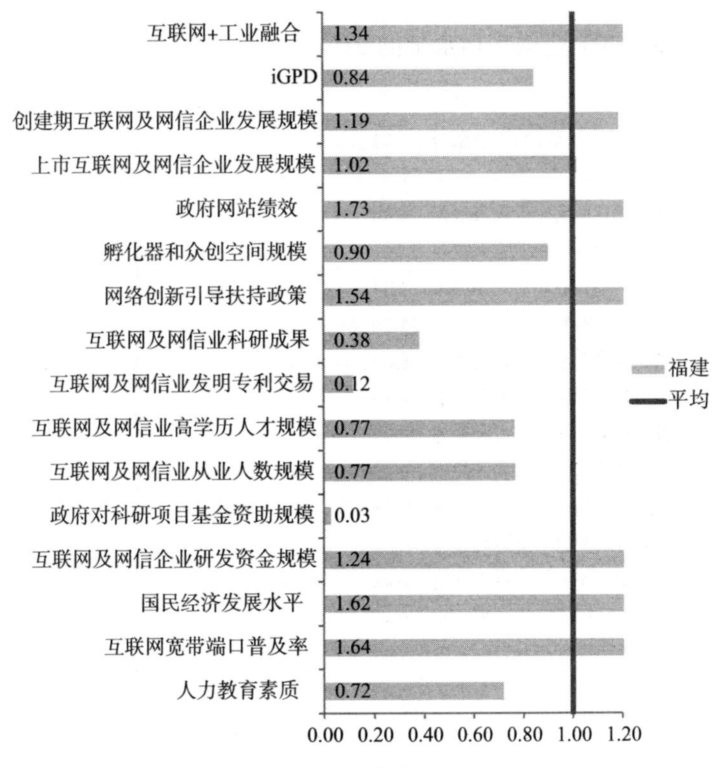

图 4-13　福建关键指标表现

4.3.14　江西

如图 4-14 所示，江西有 2 项关键指标高于全国平均水平，创新知识转化赋能方面优势较为明显，政府网站绩效达到全国平均水平的134%，孵化器和众创空间规模达到全国平均水平的129%；网络创新产出绩效方面有较大的进步空间，iGPD为全国平均水平的21%。

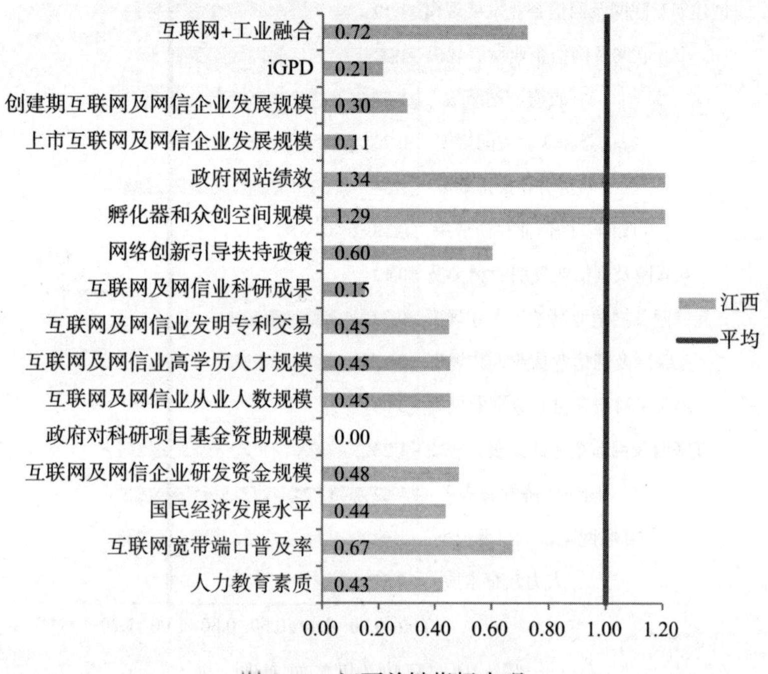

图4-14 江西关键指标表现

4.3.15 山东

如图4-15所示，山东有9项关键指标高于全国平均水平。在网络创新产出绩效方面，互联网+工业融合优势明显，达到全国平均水平的 277%，iGPD 达到全国平均水平的 185%，上市互联网及网信企业发展规模有待提高，为全国平均水平的 72%；创新知识转化赋能方面优势明显，孵化器和众创空间规模以及网络创新引导扶持政策分别为全国平均水平的 224% 和 227%；网络创新知识创造方面有较大的进步空间，互联网及网信业科研成果和发明专利交易均不足全国平均水平的 80%。

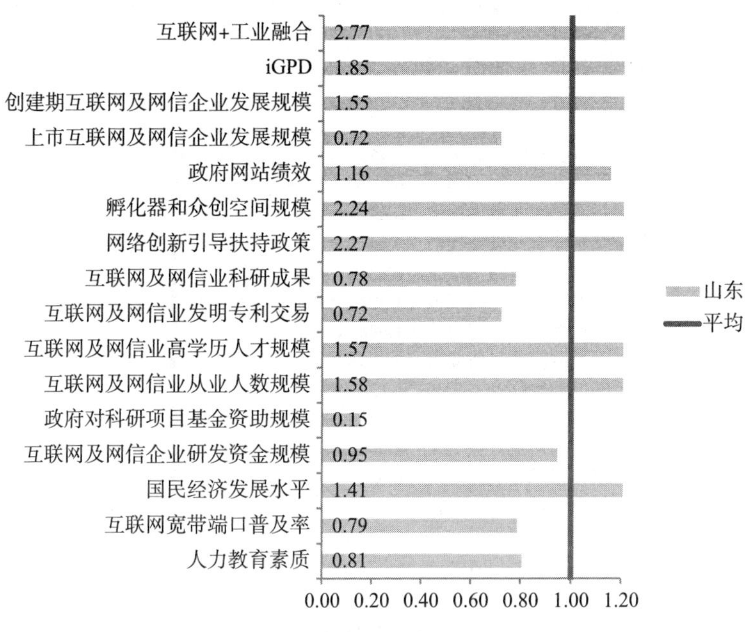

图 4-15　山东关键指标表现

4.3.16 河南

如图 4-16 所示，河南有 5 项关键指标高于全国平均水平。在网络创新产出绩效方面，互联网 + 工业融合达到全国平均水平的 125%，上市互联网及网信企业发展规模仅为全国平均水平的 22%，有待提高；在创新知识转化赋能方面，孵化器和众创空间规模以及网络创新引导扶持政策优势明显，分别为全国平均水平的 130% 和 169%；网络创新资源投入方面，互联网及网信业高学历人才规模和从业人数规模均达到全国平均水平的 104%。

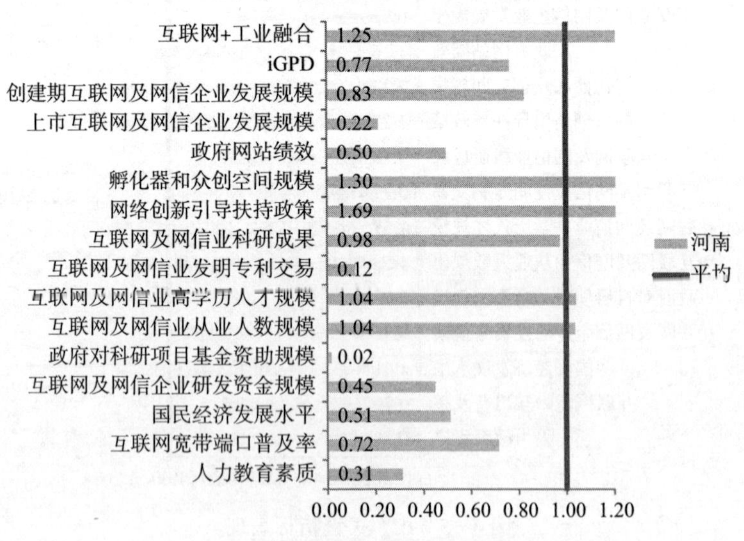

图 4-16 河南关键指标表现

4.3.17　湖北

如图 4-17 所示，湖北有 11 项关键指标高于全国平均水平。在创新知识转化赋能方面，政府网站绩效达到全国平均水平的 150%，孵化器和众创空间规模以及网络创新引导扶持政策分别达到全国平均水平的 104% 和 105%；在创新知识创造方面，优势明显，互联网及网信业科研成果达到全国平均水平的 145%，互联网及网信业发明专利交易达到全国平均水平的 257%；政府对科研项目基金资助规模存在较大的进步空间，为全国平均水平的 18%。

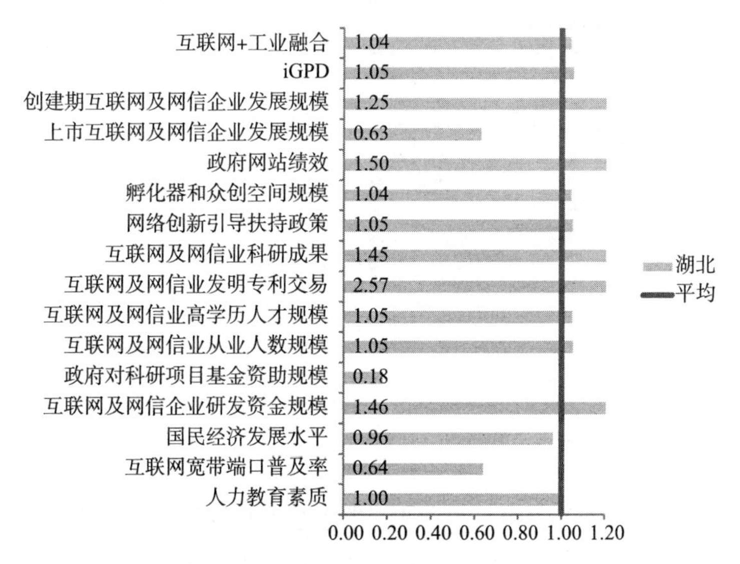

图 4-17　湖北关键指标表现

4.3.18 湖南

如图 4-18 所示，湖南有 5 项关键指标高于全国平均水平。互联网 + 工业融合达到全国平均水平的 107%，互联网及网信企业研发资金规模达到全国平均水平的 123%，网络创新引导扶持政策达到全国平均水平的 137%，iGPD 存在进步的空间，不足全国平均水平的 80%。

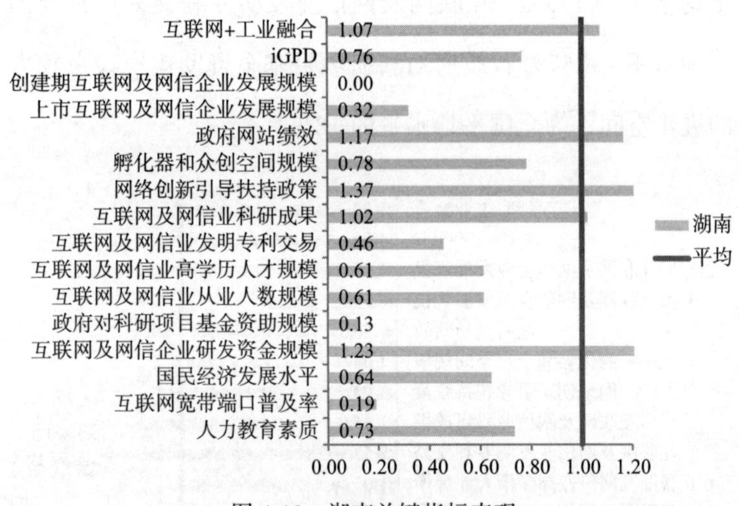

图 4-18　湖南关键指标表现

4.3.19 广东

如图 4-19 所示，广东有 14 项关键指标高于全国平均水平。在网络创新产出绩效方面，上市互联网及网信企业发展规模优势明显，高出全国平均水平 7.75 倍，iGPD 高出全国平均水平 3.44 倍；在创新知识转化赋能方面，孵化器和众创空间规模优势明显，高出全国平均水平 3.35 倍；在网络创新知识创造方面，互联网及网信业发明专利交易有较大的进步空间，为全国平均水平的 57%；在网络创新资源投入方面，互联网及网信业高学历人才规模和从业人数规模分别达到全国平均水平的 383% 和 382%。

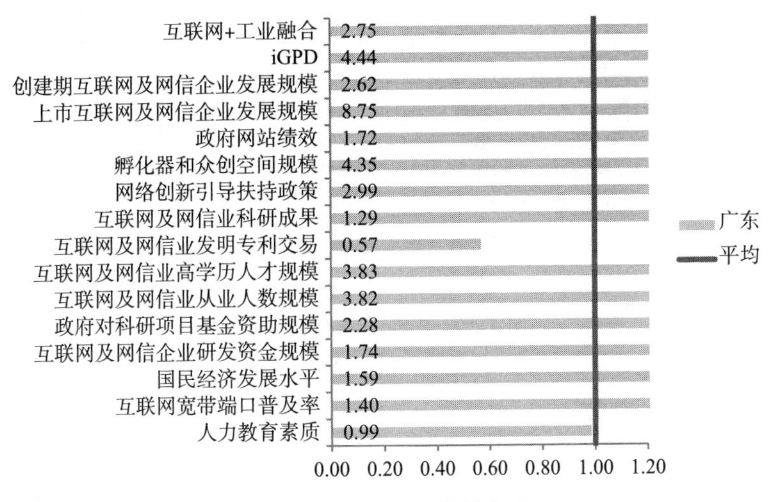

图 4-19　广东关键指标表现

4.3.20　广西

如图 4-20 所示，广西有 1 项关键指标高于全国平均水平，政府网站绩效达到全国平均水平的128%，iGPD为全国平均水平的44%，存在较大的进步空间。

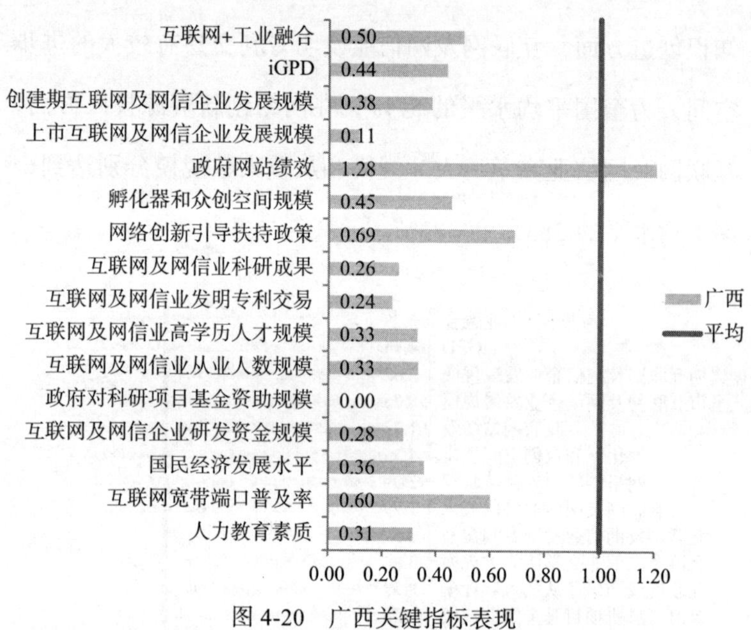

图4-20　广西关键指标表现

4.3.21　海南

如图4-21所示，海南有2项关键指标高于全国平均水平，政府网站绩效和互联网宽带端口普及率分别达到全国平均水平的143%和129%。网络创新知识创造方面有较大的进步空间，互联网及网信业发明专利交易为全国平均水平的2%。

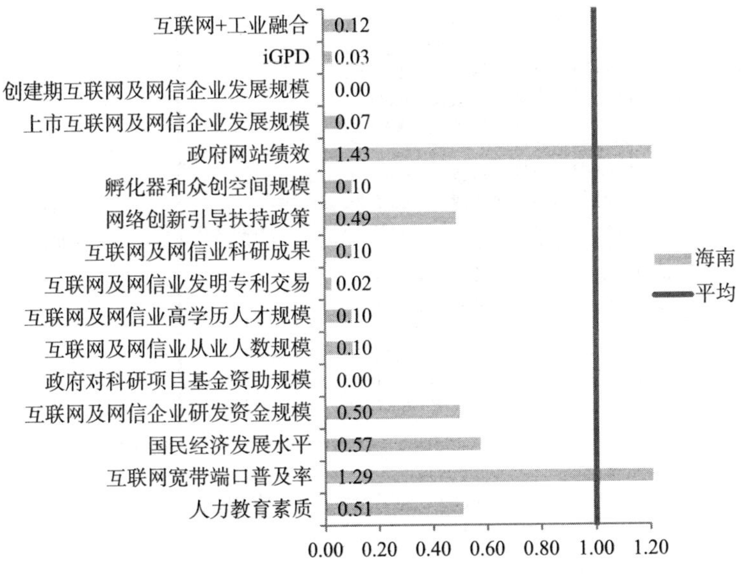

图 4-21　海南关键指标表现

4.3.22　重庆

如图 4-22 所示，重庆有 4 项关键指标高于全国平均水平。在网络创新基础支撑环境方面，互联网宽带端口普及率达到全国平均水平的 113%；在网络创新资源投入方面，互联网及网信企业研发资金规模达到全国平均水平的 135%，互联网及网信业高学历人才规模和从业人数规模为全国平均水平的 36%，存在较大的进步空间。

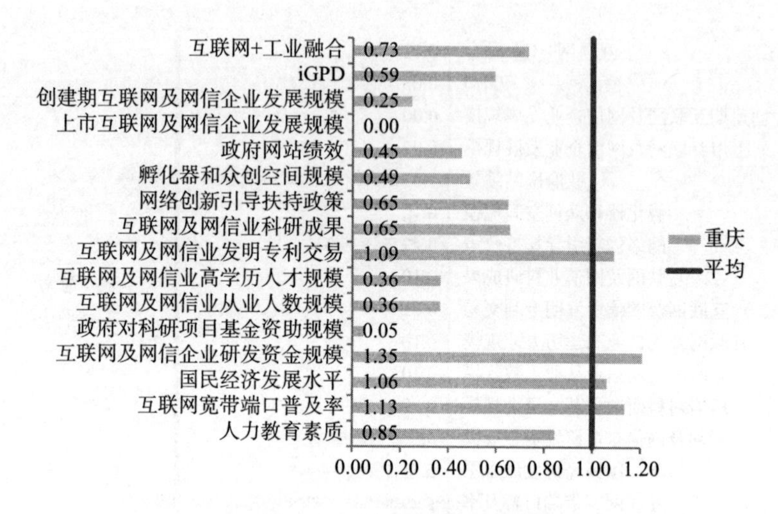

图 4-22　重庆关键指标表现

4.3.23　四川

如图 4-23 所示，四川有 9 项关键指标高于全国平均水平。在网络创新知识创造方面，互联网及网信业发明专利交易优势明显，高出全国平均水平 4.75 倍；在网络创新资源投入方面，互联网及网信业高学历人才规模和从业人数规模均达到全国平均水平的 159%，互联网及网信企业研发资金规模有较大的进步空间，为全国平均水平的 54%。

4.3.24　贵州

如图 4-24 所示，贵州有 1 项关键指标高于全国平均水平，政府网站绩效达到全国平均水平的 122%。网络创新知识创造方面存在较大的进步空间，互联网及网信业科研成果和发明专利交易均为全国平均水平的 15%。

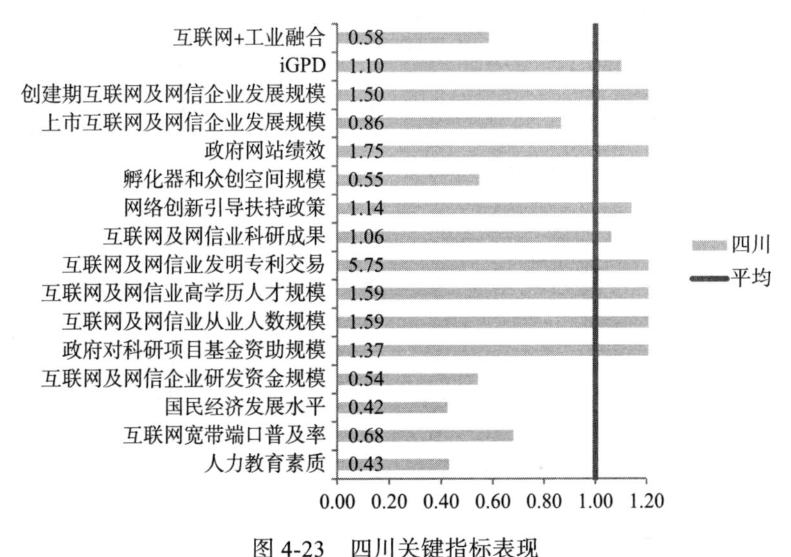

图 4-23　四川关键指标表现

4.3.25　云南

如图 4-25 所示，云南在互联网及网信企业研发资金规模方面达到全国平均水平的 90%，政府网站绩效达到全国平均水平的 86%，在网络创新产出绩效方面存在较大的进步空间，iGPD 为全国平均水平的 22%。

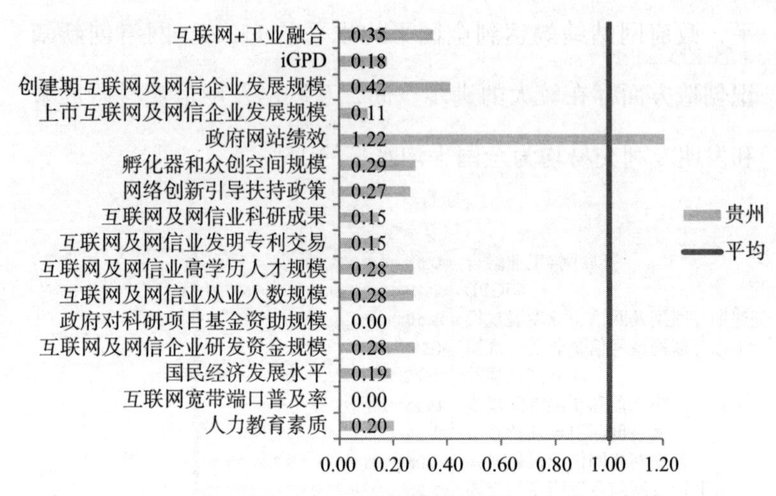

图 4-24 贵州关键指标表现

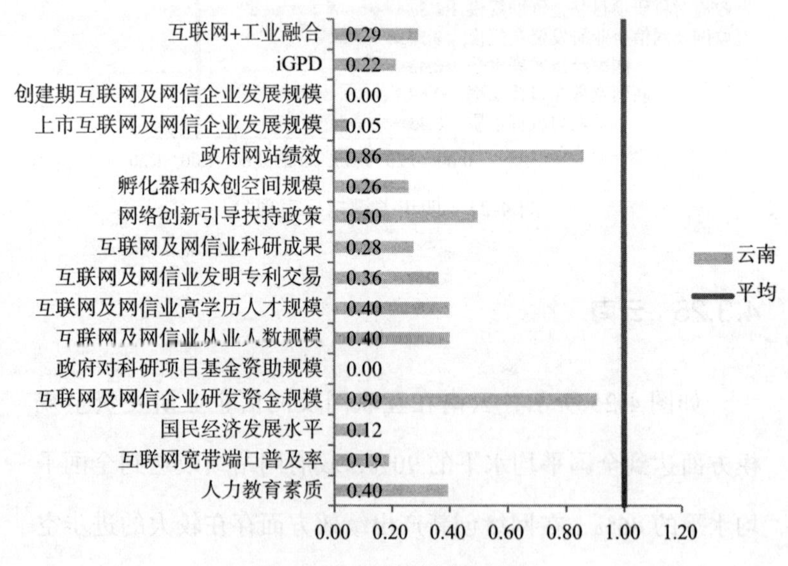

图 4-25 云南关键指标表现

4.3.26　西藏

如图 4-26 所示，西藏在互联网宽带端口普及率方面达到全国平均水平的 46%。

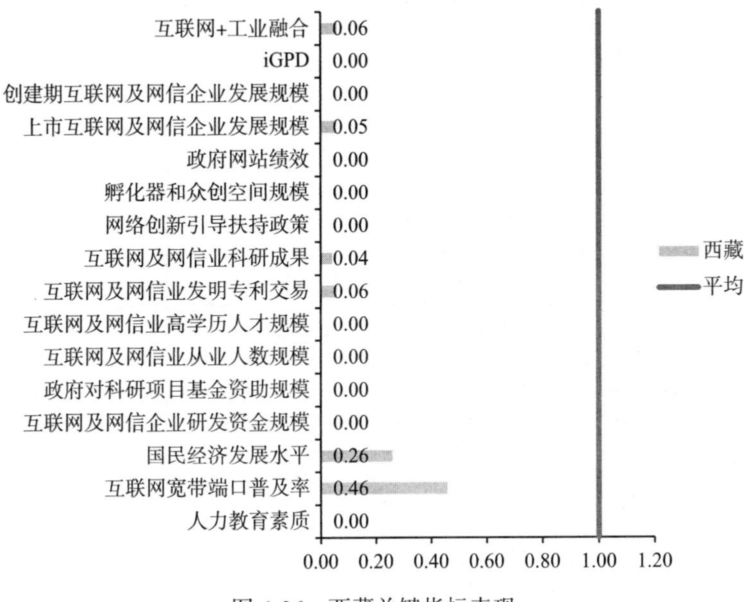

图 4-26　西藏关键指标表现

4.3.27　陕西

如图 4-27 所示，陕西有 4 项关键指标高于全国平均水平。在网络创新知识创造方面优势明显，互联网及网信业科研成果达到全国平均水平的126%，互联网及网信业发明专利交易达到全国平均水平的250%；在网络创新资源投入方面，互联网及网信业高学历人才规模存在一定的进步空间，为全国平均水平的52%；在网络创新产出绩效方面，互联网+工业融合达到全国平均水平的116%，iGPD存在进步空间，为全国平均水平的85%。

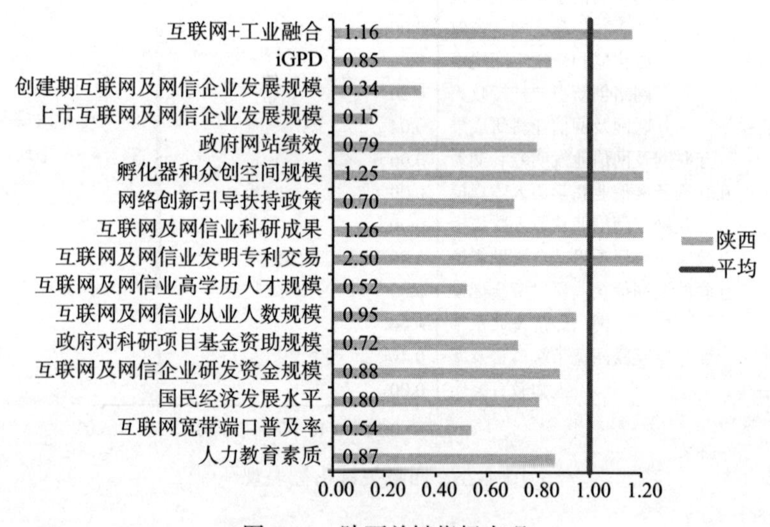

图4-27 陕西关键指标表现

4.3.28 甘肃

如图4-28所示，甘肃有2项关键指标高于全国平均水平。互联网及网信业发明专利交易达到全国平均水平的 194%，互联网宽带端口普及率达到全国平均水平的 146%，网络创新产出绩效方面存在较大的进步空间，iGPD 为全国平均水平的 13%。

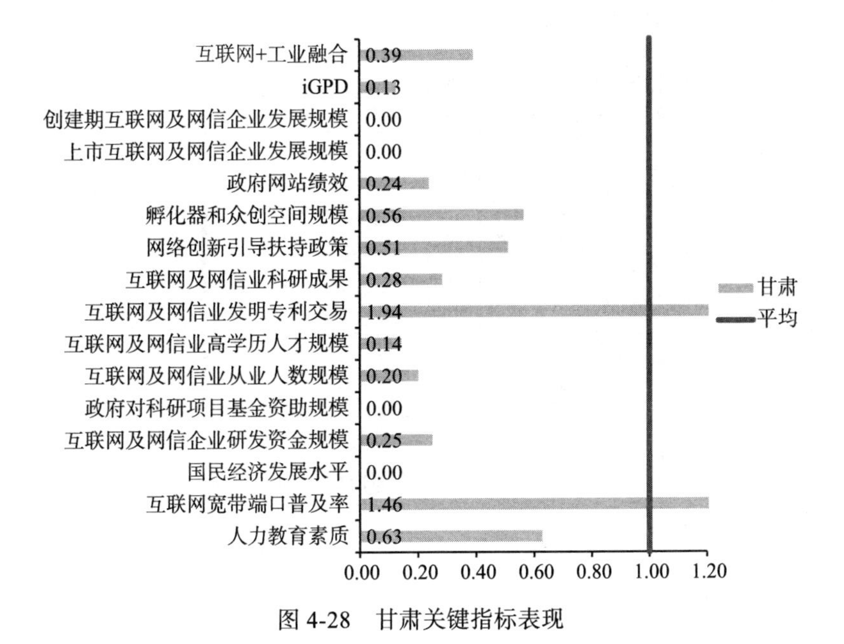

图 4-28　甘肃关键指标表现

4.3.29　青海

如图 4-29 所示，青海有 1 项关键指标高于全国平均水平，互联网及网信业发明专利交易达到全国平均水平的

220%。网络创新产出绩效方面存在较大的进步空间，上市互联网及网信企业发展规模为全国平均水平的5%。

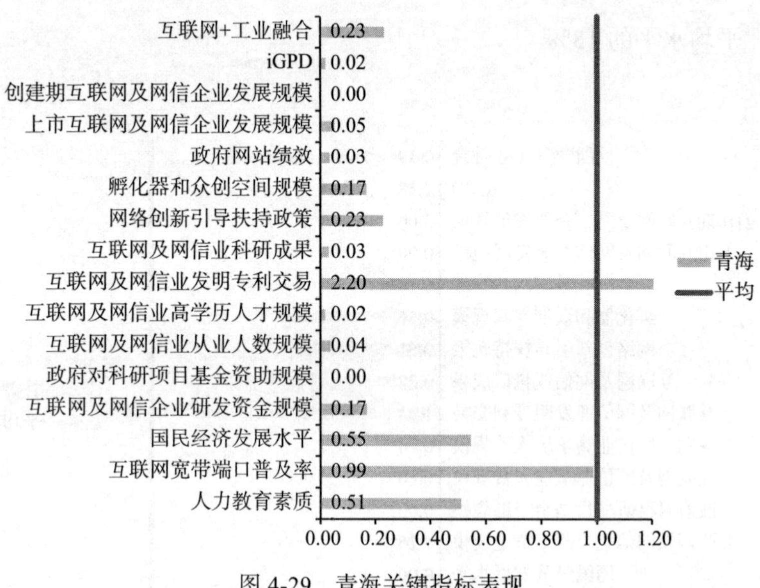

图 4-29　青海关键指标表现

4.3.30　宁夏

如图 4-30 所示，宁夏有 1 项关键指标高于全国平均水平，人力教育素质达到全国平均水平的 116%。网络创新知识创造方面存在较大的进步空间，互联网及网信业科研成果和发明专利交易均为全国平均水平的 13%。

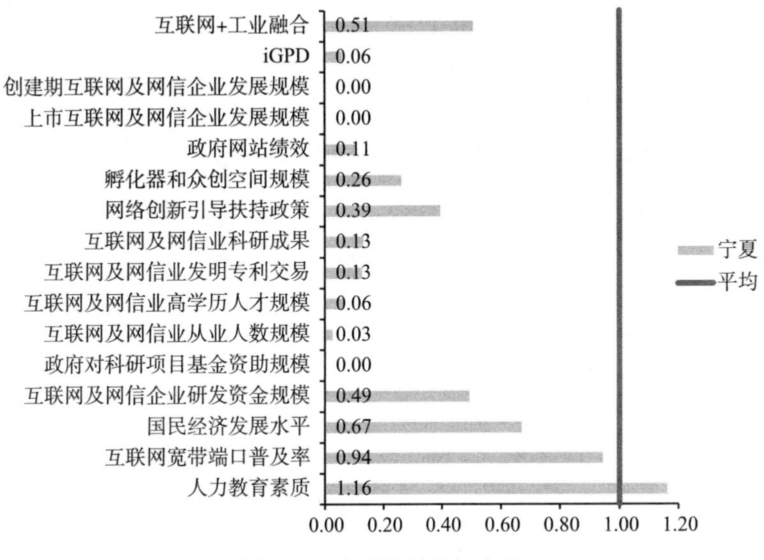

图 4-30　宁夏关键指标表现

4.3.31　新疆

如图 4-31 所示，新疆有 1 项关键指标高于全国平均水平，互联网宽带端口普及率达到全国平均水平的 109%。网络创新资源投入方面存在较大的进步空间，互联网及网信业从业人数规模为全国平均水平的 21%。

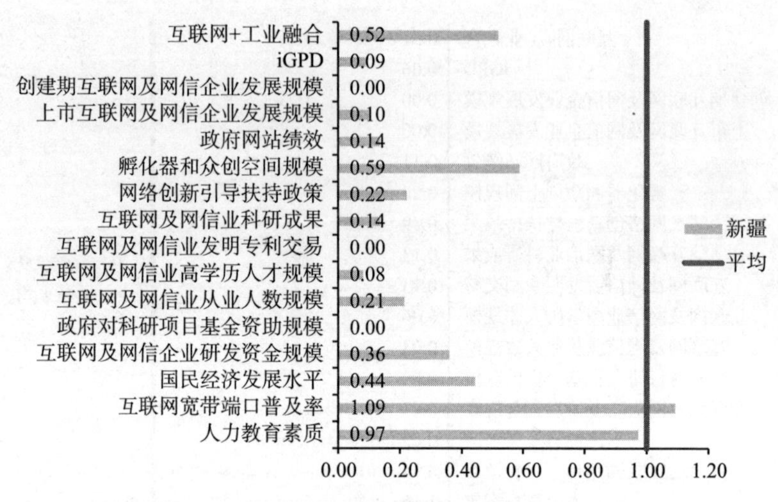

图 4-31 新疆关键指标表现

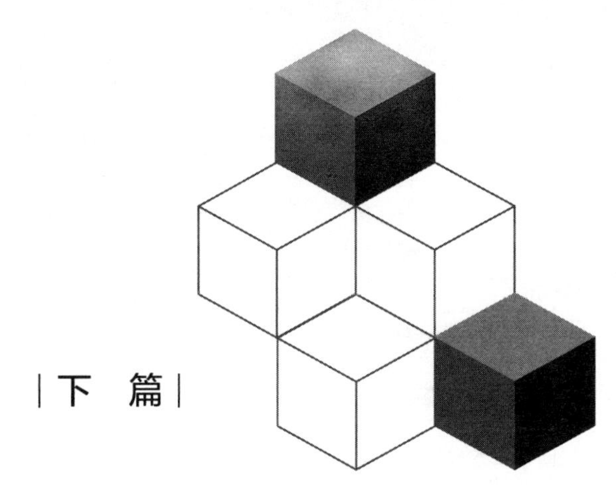

|下　篇|

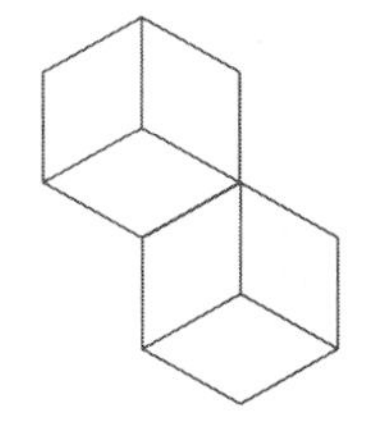

陕　西　篇

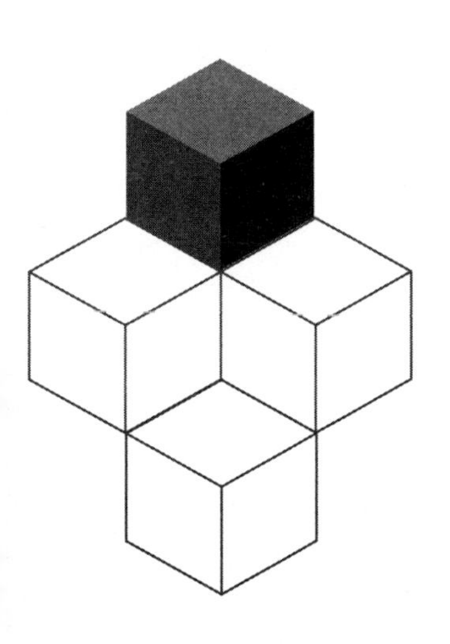

第 5 章

陕西省地级市网络创新水平评价

5.1　陕西省地级市网络创新指标体系

根据中国网络创新评价指标体系，考虑陕西省地级市网络创新指标数据的可获得性、有效性、权威性及可查验性原则，陕西省地级市网络创新指标体系中的一级、二级指标与中国网络创新评价指标体系基本一致，三级指标中部分指标略有不同。陕西省网络创新评价指标体系具体包括 5 个一级指标（网络创新基础支撑环境、网络创新资源投入、网络创新知识创造、创新知识转化赋能、网络创新产出绩效）、13 个二级指标（信息化社会氛围、网络化技术准备、经济宜居发展、创新研发财力资源、创新研发人力资源、创新研发平台资源、专利标准成果、科研知识成果、引导扶持政策、成果转化服务、政府服务水平、互联网及网信企业绩效、互联网 + 产业融合）、27 个三级指标及 60 个基础采集指标（具体见附录 A）。

基础数据均来源于公开发布或出版的统计年鉴、政府报告、权威专业机构数据。主要包括①《中国统计年鉴—2017》《陕西统计年鉴—2017》《中国科技统计年鉴—2017》；②国家各部委发布的相关报告及数据，包括工信部、教育部、科学技术部、农业部、商务部、生态环境部、国家统计局、国家自然科学基金委员会等；③陕西政府及相关厅局发布的报告及数据，包括陕西统计厅及各地级市政务网站，陕西环境保护厅、科技厅的报告数据；④权威数据信息服务机构，包括 Web of Science、万德数据库、陕西省科学共享数据平台、前瞻数据库、中国知网、中国学术会议网等；⑤权威研究中心与机构，包括国家工业信息安全发展研究中心、两化融合管理体系工作平台、清科研究中心、北大法宝、中国软件测评中心、陕西省科学技术情报研究院等。

陕西省地级市网络创新指数测算方法，与全国网络创新指数的测算方法一致，详见 2.3 节及附录 B。

5.2 陕西省地级市网络创新指数解析

5.2.1 网络创新指数解析

按照指标体系和指标测算方法进行测算，得到陕西省地级市网络创新指数排名，结果如图 5-1 所示。

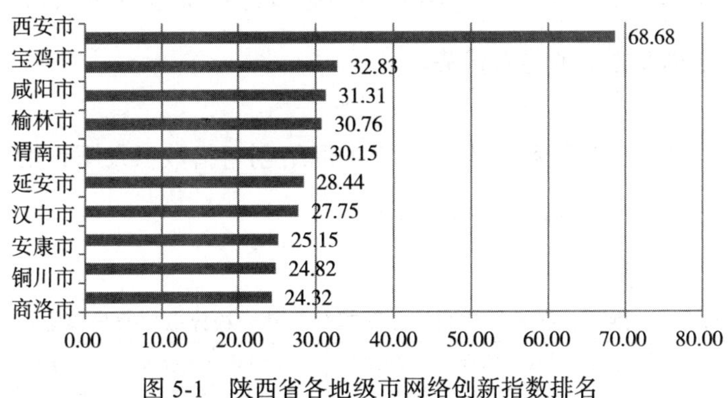

图 5-1　陕西省各地级市网络创新指数排名

如图 5-1 所示，2017 年陕西省各地级市网络创新指数排名从高到低依次是西安市、宝鸡市、咸阳市、榆林市、渭南市、延安市、汉中市、安康市、铜川市和商洛市。

就名次分布情况而言，陕西省各地级市中，前 3 名均位于关中地区。第 4 ～ 7 名包含陕北地区 2 个地级市，关中和陕南地区各 1 个地级市。第 8 ～ 10 名包括陕南地区 1 个地级市，关中地区 2 个地级市。

从图 5-1 中可明显看出，西安市以绝对优势位居第一名，这与其绝对强势的经济和科技基础、丰富的教育资源、成熟的市场经济体系、高水平的对外开放程度密不可分。这些优势造就了西安市的企业创新动力十足，研发投入较高，创新基础设施完善，产学研合作水平较高，成就了西安市在网络创新方面的绝对优势。

表 5-1 为陕西省内各地级市网络创新指数以及下设的 5 个一级指标的得分及排名情况。

表 5-1 陕西省各地级市网络创新指数及其一级分指数得分和排名

地区	网络创新指数 S		网络创新基础支撑环境 A		网络创新资源投入 B		网络创新知识创造 C		创新知识转化赋能 D		网络创新产出绩效 E	
	得分	排名	得分	排名	得分	排名	得分	排名	得分	排名	得分	排名
西安市	68.68	1	86.31	1	87.13	1	52.97	1	36.65	1	78.66	1
铜川市	24.82	9	28.93	7	21.33	10	21.29	7	22.18	7	32.33	9
宝鸡市	32.83	2	37.80	3	29.59	3	26.59	2	27.94	2	45.04	3
咸阳市	31.31	3	36.05	4	34.76	2	22.38	4	26.87	3	38.49	7
渭南市	30.15	5	33.47	5	29.28	4	22.48	3	26.85	4	41.58	4
延安市	28.44	6	28.76	8	28.80	5	21.70	6	25.80	5	39.71	6
汉中市	27.75	7	30.39	6	26.42	8	21.87	5	22.24	6	40.21	5
榆林市	30.76	4	38.99	2	27.72	6	20.51	9	21.76	8	48.76	2
安康市	25.15	8	25.35	10	27.17	7	20.85	8	20.67	10	32.74	8
商洛市	24.32	10	26.43	9	24.85	9	20.44	10	21.26	9	29.71	10

2017 年以陕西省各地级市的网络创新指数为基础，可将其划分为三个梯队格局。西安市网络创新能力远超其他地级市，为第一梯队；第二梯队包含宝鸡市、咸阳市、榆林市、渭南市、延安市、汉中市；第三梯队包含安康市、铜川市和

商洛市，具体如图 5-2 所示。

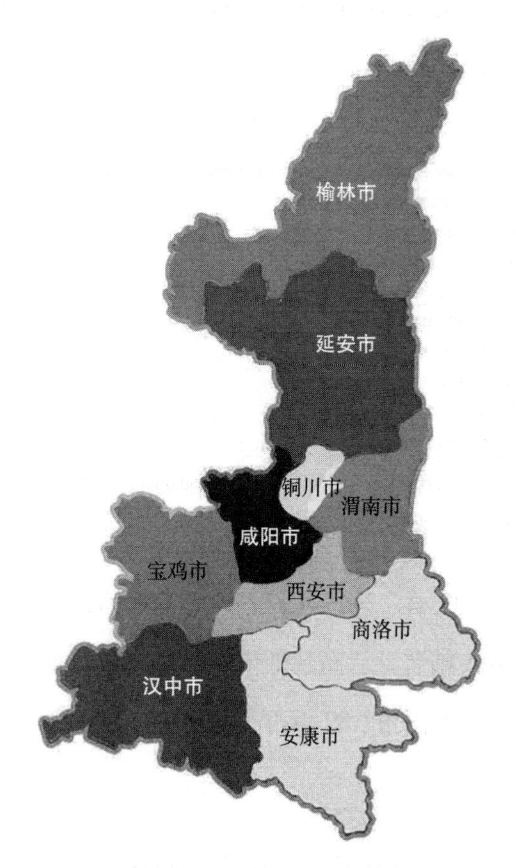

图 5-2　陕西省各地级市网络创新指数梯度划分

5.2.2　网络创新基础支撑环境分指数解析

依据指标体系，网络创新基础支撑环境分指数从信息化社会氛围、网络化技术准备和经济宜居发展三个方面进行测度。陕西省各地级市的网络创新基础支撑环境分指数结果如图 5-3 所示。

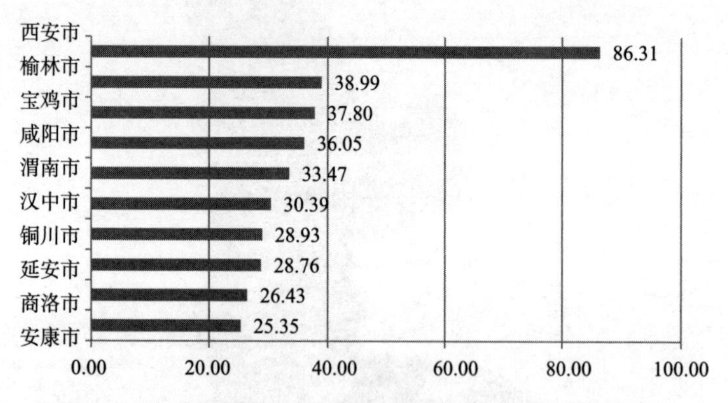

图 5-3 陕西省各地级市网络创新基础支撑环境分指数排名

如图 5-3 所示，2017 年陕西省各地级市网络创新基础支撑环境分指数排名，从高到低依次为西安市、榆林市、宝鸡市、咸阳市、渭南市、汉中市、铜川市、延安市、商洛市和安康市。

就名次分布情况而言陕西省各地级市，前 3 名中包含关中地区 2 个地级市，陕北地区 1 个地级市。第 4 ～ 7 名包含关中地区 3 个地级市，陕南地区 1 个地级市。第 8 ～ 10 包含陕南、关中和陕北地区各 1 个地级市。

陕西省各地级市网络创新基础支撑环境分指数及其下级3个指标的得分和排名情况，如表 5-2 所示。

表 5-2　陕西省各地级市网络创新基础支撑环境分指数及其下级指标得分和排名

地区	网络创新基础支撑环境 A		信息化社会氛围 A1		网络化技术准备 A2		经济宜居发展 A3	
	得分	排名	得分	排名	得分	排名	得分	排名
西安市	86.31	1	87.39	1	86.18	1	84.92	1
铜川市	28.93	7	20.00	10	27.70	9	42.49	3
宝鸡市	37.80	3	27.98	4	48.64	2	40.88	4
咸阳市	36.05	4	31.03	2	39.63	5	39.54	5
渭南市	33.47	5	30.64	3	40.13	4	30.93	7
延安市	28.76	8	24.16	7	35.15	6	28.91	9
汉中市	30.39	6	26.14	5	33.40	8	33.35	6
榆林市	38.99	2	25.93	6	42.62	3	53.55	2
安康市	25.35	10	23.98	8	23.33	10	29.22	8
商洛市	26.43	9	22.10	9	34.83	7	24.30	10

2017 年，陕西省各地级市在网络创新基础支撑环境分指数上排名前 3 的城市为西安市、榆林市和宝鸡市。它们在 3 个二级指标上也表现出色，具体体现为基础设施完备，企业信息化发展水平较高，社会消费水平、宏观经济及市场发展水平较为出色。例如，2016 年，西安市的互联网宽带接入用户数已超过 300 万，普通高等院校预计毕业生人数超过 20 万，远超其他城市。同样，2016 年，宝鸡市每百家企业拥有

的网站数量超过 60 个，仅次于西安市。这些因素有力地推动了信息化社会氛围的发展。关中地区在网络创新基础支撑环境上处于上游水平，这与近年来该地区不断完善互联网基础设施、加快建设信息服务和互联网相关行业的政策环境支持密不可分。

5.2.3 网络创新资源投入分指数解析

依据指标体系，网络创新资源投入分指数从创新研发财力资源、创新研发人力资源和创新研发平台资源三个方面进行测度。陕西省各地级市网络创新资源投入分指数结果如图 5-4 所示。

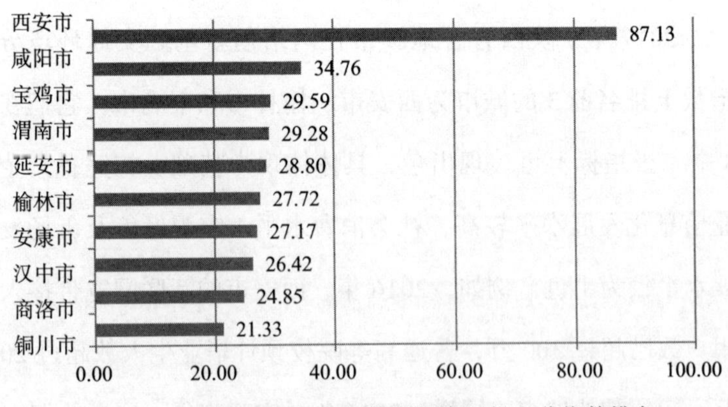

图 5-4 陕西省各地级市网络创新资源投入分指数排名

如图 5-4 所示，2017 年陕西省各地级市网络创新资源投入分指数排名，从高到低依次为西安市、咸阳市、宝鸡市、渭南市、延安市、榆林市、安康市、汉中市、商洛市、铜川市。

从名次分布情况看，陕西省各地级市中，前 3 名均位于关中地区。第 4 ～ 7 名包括陕北地区 2 个地级市，关中和陕南地区各 1 个地级市。第 8 ～ 10 名包括陕南地区 1 个地级市、关中地区 2 个地级市。

陕西省各地级市网络创新资源投入分指数及其 3 个二级指标的得分和排名情况，如表 5-3 所示。

表 5-3　陕西省各地级市网络创新资源投入分指数及其下级指标得分和排名

地区	网络创新资源投入 B		创新研发财力资源 B1		创新研发人力资源 B2		创新研发平台资源 B3	
	得分	排名	得分	排名	得分	排名	得分	排名
西安市	87.13	1	85.38	1	85.77	1	92.14	1
铜川市	21.33	10	23.62	8	20.26	10	20.00	10
宝鸡市	29.59	3	33.58	2	23.89	3	34.30	7
咸阳市	34.76	2	24.27	7	28.33	2	61.60	2
渭南市	29.28	4	26.65	4	23.15	6	44.30	4
延安市	28.80	5	25.67	6	22.61	7	44.63	3
汉中市	26.42	8	26.09	5	23.20	5	32.81	8
榆林市	27.72	6	29.56	3	23.68	4	32.49	9
安康市	27.17	7	21.87	9	22.03	8	44.19	5
商洛市	24.85	9	20.68	10	21.07	9	37.79	6

2017年在网络创新资源投入分指标上，西安市的得分为87.13，是第2名咸阳市的得分的2倍以上，具有绝对优势。具体表现为新型技术研发投入规模较高，相关高素质人才数量庞大，创新创业平台数量多，远超全省平均水平。例如，西安市的R&D经费投入强度超过5%，其高校数量为63个，远超其他城市。此外，咸阳市拥有高等院校13所，在省内位居第2名。宝鸡市在互联网方面的研发经费投入也相对较高，仅次于咸阳市。

5.2.4 网络创新知识创造分指数解析

依据指标体系，网络创新知识创造分指数从专利标准成果和科研知识成果两个方面进行测度。陕西省各地级市网络创新知识创造分指数结果，如图5-5所示。

如图5-5所示，2017年陕西省各地级市网络创新知识创造分指数排名，从高到低依次为西安市、宝鸡市、渭南市、咸阳市、汉中市、延安市、铜川市、安康市、榆林市和商洛市。

从名次分布情况看，陕西省各地级市中，前3名均位于关中地区。第 4 ～ 7 名包括关中地区 2 个地级市，陕北和陕南地区各 1 个地级市。第 8 ～ 10 名包括关中、陕北和陕南地区各 1 个地级市。

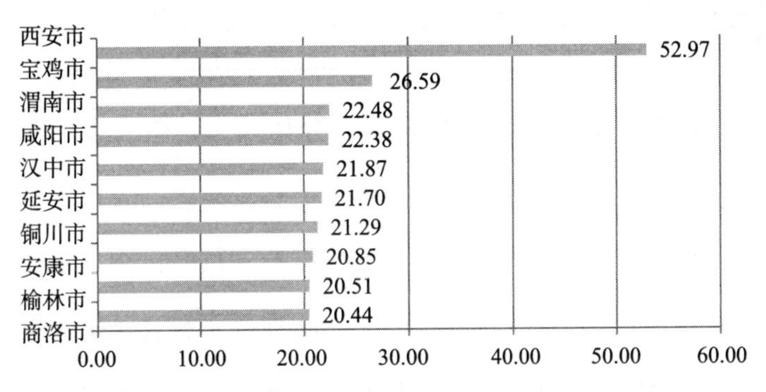

图 5-5　陕西省各地级市网络创新知识创造分指数排名

表 5-4 为陕西省各地级市网络创新知识创造分指数及其 2 个二级指标的得分和排名情况。

表 5-4　陕西省各地级市网络创新知识创造分指数及其下级指标得分和排名

地区	网络创新知识创造 C		专利标准成果 C1		科研知识成果 C2	
	得分	排名	得分	排名	得分	排名
西安市	52.97	1	74.59	1	40.00	1
铜川市	21.29	7	23.39	7	20.03	9
宝鸡市	26.59	2	37.40	2	20.10	5
咸阳市	22.38	4	25.90	4	20.27	2
渭南市	22.48	3	26.54	3	20.05	7
延安市	21.70	6	24.37	6	20.10	6

（续）

地区	网络创新知识创造 C		专利标准成果 C1		科研知识成果 C2	
	得分	排名	得分	排名	得分	排名
汉中市	21.87	5	24.81	5	20.10	4
榆林市	20.51	9	21.00	10	20.22	3
安康市	20.85	8	22.26	8	20.00	10
商洛市	20.44	10	21.11	9	20.05	8

2017年在网络创新知识创造分指数上，西安市、宝鸡市和渭南市依旧领跑全省，在该项上有较出色的表现。这些地区应该继续发挥地域优势，加强高校、科研机构及企业研发活动对网络创新的支持作用，不断推进专利及科研成果在实际中的应用。例如，西安在专利标准成果及科研知识成果方面拥有较高水平。陕北地区、陕南地区及关中部分地区在该项上处于欠发达状态，总体表现为高校数量较少且网络创新氛围不足，企业创新活动欠缺，因而没有足够的相关知识创新来支持地区网络创新水平的发展。这些地区应加强高校、科研机构及企业研发部门的网络创新活动，以知识创造带动相关产业的发展，进而为地区网络创新水平贡献力量。

5.2.5 创新知识转化赋能分指数解析

依据指标体系，创新知识转化赋能分指数从引导扶持政策、成果转化服务水平和政府服务水平三个方面进行测度。陕西省各地级市创新知识转化赋能分指数结果，如图 5-6 所示。

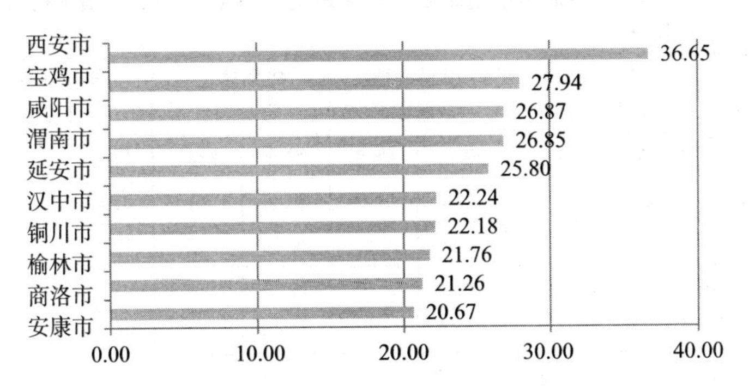

图 5-6　陕西省各地级市创新知识转化赋能分指数排名

如图 5-6 所示，2017 年陕西省各地级市创新知识转化赋能分指数排名，从高到低依次为西安市、宝鸡市、咸阳市、渭南市、延安市、汉中市、铜川市、榆林市、商洛市和安康市。

从名次分布情况看，陕西省各地级市中，前 3 名均位于关中地区。第 4 ～ 7 名包括陕北和陕南地区各 1 个地级市，关中地区 2 个地级市。第 8 ～ 10 名包括关中、陕北和陕南地区各 1 个地级市。

陕西省各地级市创新知识转化赋能分指数及其3个二级指标的得分和排名情况，如表5-5所示。

表5-5 陕西省各地级市创新知识转化赋能分指数及其下级指标得分和排名

地区	创新知识转化赋能D		引导扶持政策D1		成果转化服务D2		政府服务水平D3	
	得分	排名	得分	排名	得分	排名	得分	排名
西安市	36.65	1	40.00	1	40.00	1	21.02	9
铜川市	22.18	7	21.50	5	20.00	7	29.02	5
宝鸡市	27.94	2	26.00	3	30.50	4	25.99	6
咸阳市	26.87	3	20.50	8	31.00	2	30.94	2
渭南市	26.85	4	20.00	10	31.00	3	31.93	1
延安市	25.80	5	29.00	2	21.00	5	30.45	3
汉中市	22.24	6	21.50	6	20.00	8	29.34	4
榆林市	21.76	8	24.50	4	20.00	9	20.00	10
安康市	20.67	10	20.50	9	20.50	6	21.43	8
商洛市	21.26	9	21.00	7	20.00	10	24.92	7

2017年在创新知识转化赋能分指标上，陕西省各地级市相差不大。西安市处于优势地位，宝鸡市、咸阳市、渭南市亦表现出色，无论是政府政策引导，还是创新驱动赋能方面，都处于较高水平，这与其地域、资源、人才等有利因素密不可分。表现较差的主要是安康市、商洛市及榆林市。这些地区应加强政府的政策引导和支持力度，强化不同创新活

力的相互交流和赋能。

5.2.6　网络创新产出绩效分指数解析

依据指标体系，网络创新产出绩效分指数从互联网及网信企业绩效和互联网 + 产业融合两个方面进行测度。陕西省各地级市网络创新产出绩效分指数结果，如图 5-7 所示。

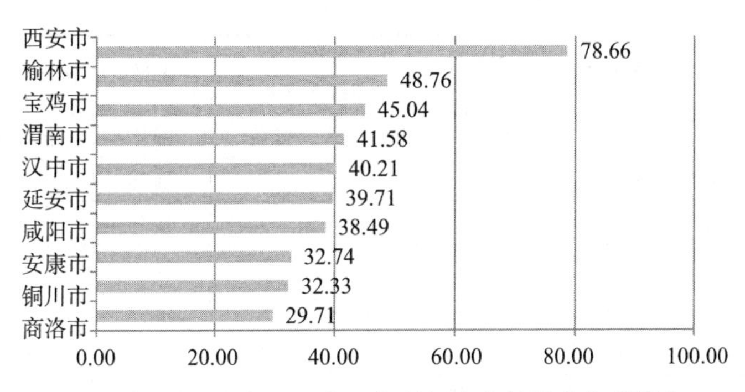

图 5-7　陕西省各地级市网络创新产出绩效分指数排名

如图 5-7 所示，2017 年陕西省各地级市网络创新产出绩效分指数排名，从高到低依次为西安市、榆林市、宝鸡市、渭南市、汉中市、延安市、咸阳市、安康市、铜川市和商洛市。

从名次分布情况看，陕西省各地级市中，前 3 名中有 2

个位于关中地区，1 个位于陕北地区。第 4 ～ 7 名包含关中地区 2 个地级市，陕北和陕南地区各 1 个地级市。第 8 ～ 10 名包含关中地区 2 个地级市，陕南地区 1 个地级市。

陕西省各地级市网络创新产出绩效分指数及其 2 个二级指标的得分和排名情况，如表 5-6 所示。

表 5-6　陕西省各地级市网络创新产出绩效分指数及其下级指标得分和排名

地区	网络创新产出绩效 E		互联网及网信企业绩效 E1		互联网 + 产业融合 E2	
	得分	排名	得分	排名	得分	排名
西安市	78.66	1	83.32	1	72.29	1
铜川市	32.33	9	24.04	9	43.66	7
宝鸡市	45.04	3	35.78	6	57.67	3
咸阳市	38.49	7	25.65	8	56.02	4
渭南市	41.58	4	36.46	5	48.57	5
延安市	39.71	6	36.51	4	44.09	6
汉中市	40.21	5	39.65	2	40.99	8
榆林市	48.76	2	39.31	3	61.66	2
安康市	32.74	8	33.18	7	32.14	10
商洛市	29.71	10	22.65	10	39.35	9

2017 年在网络创新产出绩效分指标上，西安市领跑全省，榆林市、宝鸡市和渭南市亦有出色的表现。该指标体现了互联网企业经济绩效及传统行业与互联网的融合绩效，由

于西安市在软件、信息及互联网相关行业拥有相对丰厚的资源优势，互联网及相关行业、“互联网+”产业不断发展壮大，相关企业数量也逐年增加，因此在该项获得绝对优势。其他城市也应当注重对互联网企业的引进，包括营造良好的互联网发展氛围，引领地区思想观念，积极引导传统企业向“互联网+”等新兴发展模式转型。

第 6 章

陕西省地级市网络创新关键指标数据分析

6.1　关键指标选择说明

依据陕西省网络创新评价指标体系，参考全国网络创新关键指标（见 4.1 节），确定了 15 个关键指标。将 2017 年陕西省各地级市在 15 个关键指标的表现与省均值进行比较，反映出各地级市的网络创新能力水平，并采用柱形图的方式呈现对比结果。考虑到这些指标的量纲不一致，对比分析结果在柱形图中呈现为某地级市指标表现相对于省各地级市指标平均表现的值。同时，由于某些地级市部分关键指标是其他地级市的多倍，为了便于图形呈现，对柱条做了截尾处理。

6.2　各地级市关键指标表现与省均值比对分析

6.2.1　西安市

如图 6-1 所示，西安市有 13 项关键指标高于陕西省平均水平。在网络创新产出绩效方面，互联网对经济发展水平贡献达到陕西省平均水平的227%，企业电商发展水平高出陕西省平均水平2.83倍，互联网+工业发展水平存在进步空间，为陕西省平均水平的50%；在创新知识转化赋能方面，孵化器和众创空间规模达到陕西省平均水平的370%，网络创新引导扶持政策高出陕西省平均水平3.49倍；在网络创新知识创造方面，互联网及网信业科研论文成果和发明专利申请分别高出陕西省平均水平8.56倍和7.75倍。

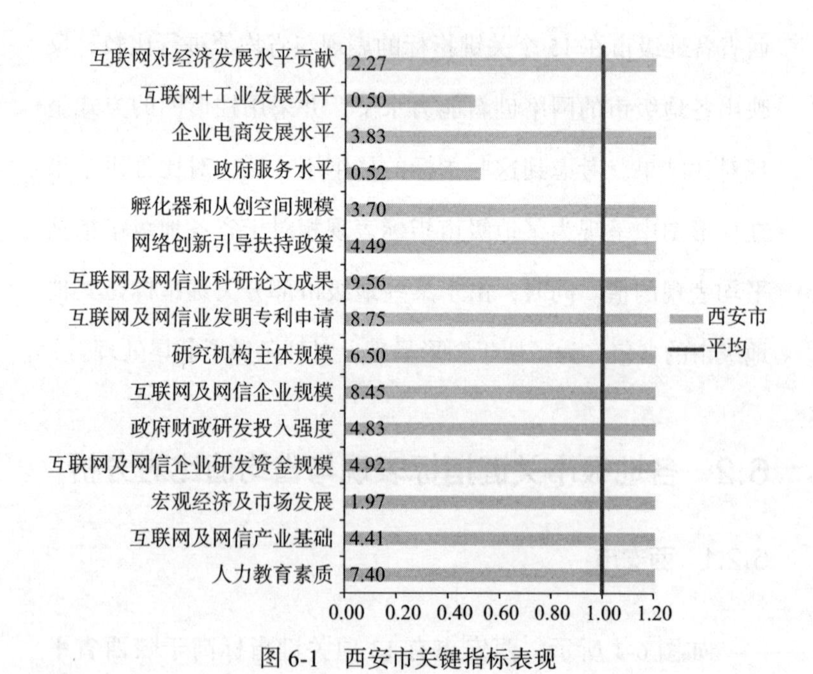

图6-1 西安市关键指标表现

6.2.2 铜川市

如图 6-2 所示，铜川市有 1 项关键指标高于陕西省平均水平，政府服务水平达到陕西省平均水平的 122%。网络创新知识创造方面存在较大的进步空间，互联网及网信业科研论文成果为陕西省平均水平的 2%。

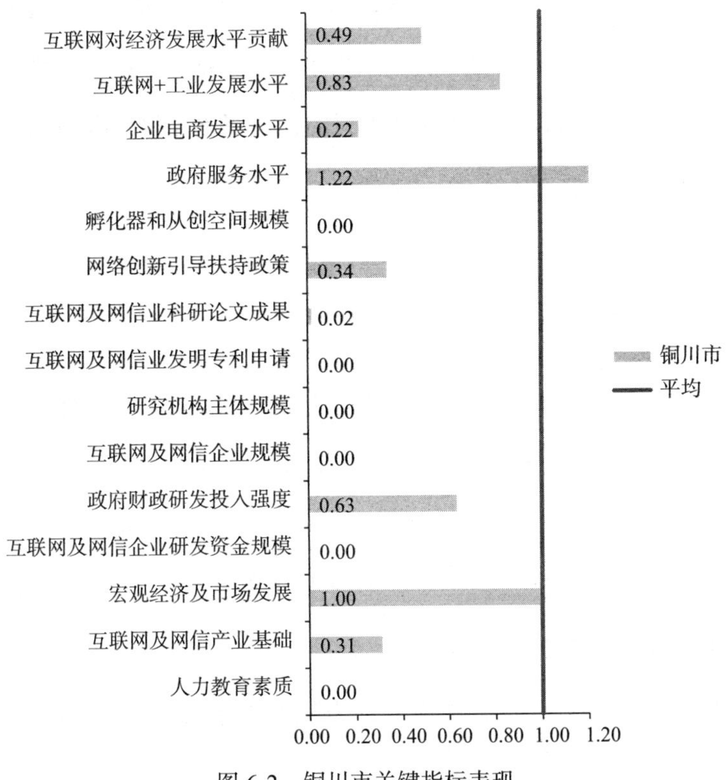

图 6-2　铜川市关键指标表现

6.2.3 宝鸡市

如图 6-3 所示，宝鸡市有 7 项关键指标高于陕西省平均水平。在网络创新产出绩效方面，互联网对经济发展水平贡献达到陕西省平均水平的 128%，互联网 + 工业发展水平达到陕西省平均水平的 165%；在创新知识转化赋能方面，孵化器和众创空间规模达到陕西省平均水平的 194%，网络创新引导扶持政策达到陕西省平均水平的 135%；在网络创新知识创造方面存在较大的进步空间，互联网及网信业发明专利申请为陕西省平均水平的 10%。

6.2.4 咸阳市

如图 6-4 所示，咸阳市有 5 项关键指标高于陕西省平均水平，互联网 + 工业发展水平达到陕西省平均水平的 157%，政府服务水平达到陕西省平均水平的 139%，互联网及网信产业基础达到陕西省平均水平的 158%。网络创新资源投入方面存在进步空间，互联网及网信企业规模和互联网及网信企业研发资金规模分别为陕西省平均水平的 36% 和 46%。

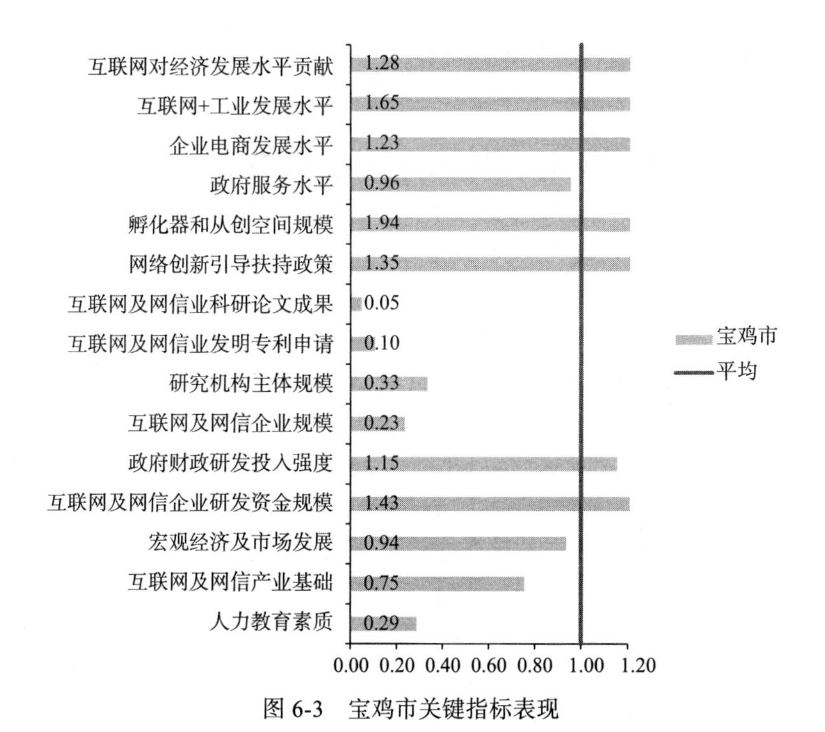

图 6-3　宝鸡市关键指标表现

6.2.5　渭南市

如图 6-5 所示，渭南市有 4 项关键指标高于陕西省平均水平，政府服务水平达到陕西省平均水平的 147%，孵化器和众创空间规模达到陕西省平均水平的 204%，互联网及网信企业研发资金规模达到陕西省平均水平的 124%，互联网及网信产业基础达到陕西省平均水平的 176%。网络创新知识创造方面存在较大的进步空间，互联网及网信业发明专利申请为陕西省平均水平的12%。

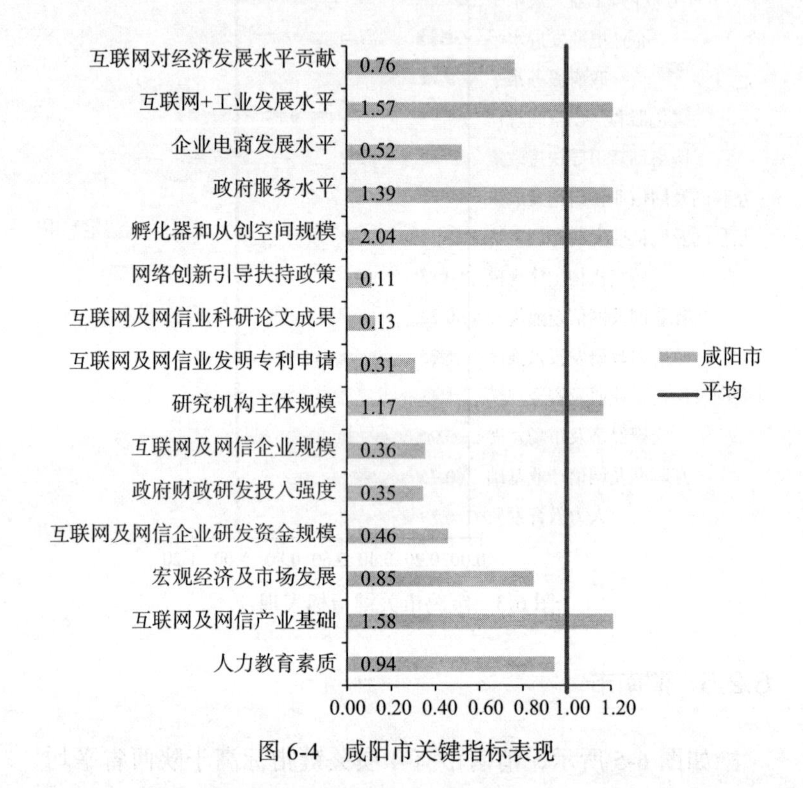

图 6-4 咸阳市关键指标表现

6.2.6 延安市

如图 6-6 所示，延安市有 4 项关键指标高于陕西省平均水平。在网络创新产出绩效方面，互联网对经济发展水平贡献达到陕西省平均水平的 119%，互联网 + 工业发展水平达到陕西省平均水平的 130%；在创新知识转化赋能方面，政府服务水平达到陕西省平均水平的 134%，网络创新引导扶持政策达到陕西省平均水平的 202%；在网络创新创新资源投入方面存在较大的进步空间，互联网及网信企业规模为陕西省平均水平的 14%。

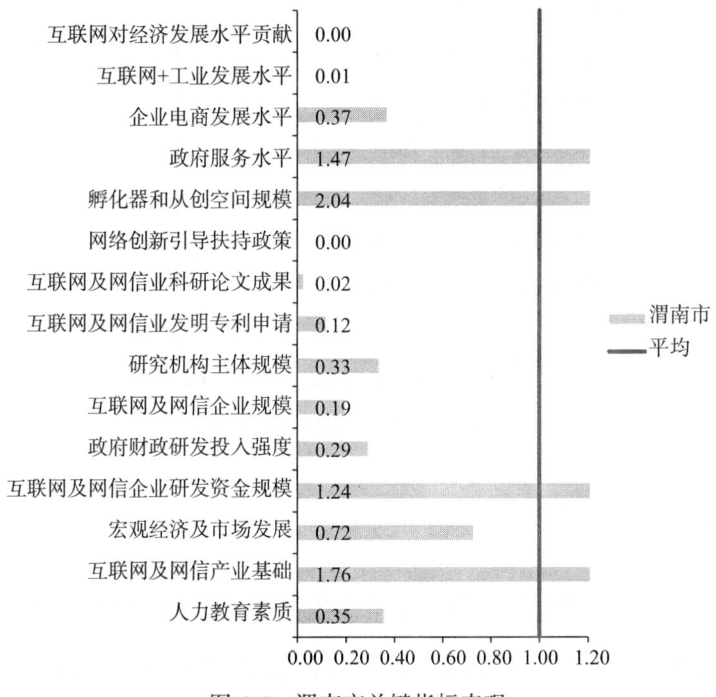

图 6-5　渭南市关键指标表现

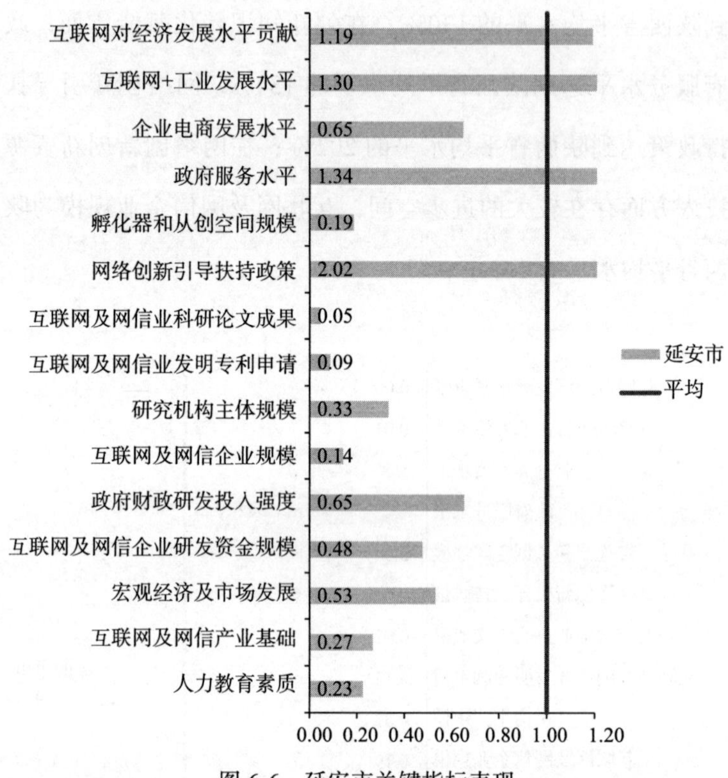

图 6-6 延安市关键指标表现

6.2.7 汉中市

如图 6-7 所示，汉中市有 2 项关键指标高于陕西省平均水平，企业电商发展水平达到陕西省平均水平的 109%，政府服务水平达到陕西省平均水平的 125%。网络创新资源投入方面存在进步空间，互联网及网信企业规模为陕西省平均水平的 17%。

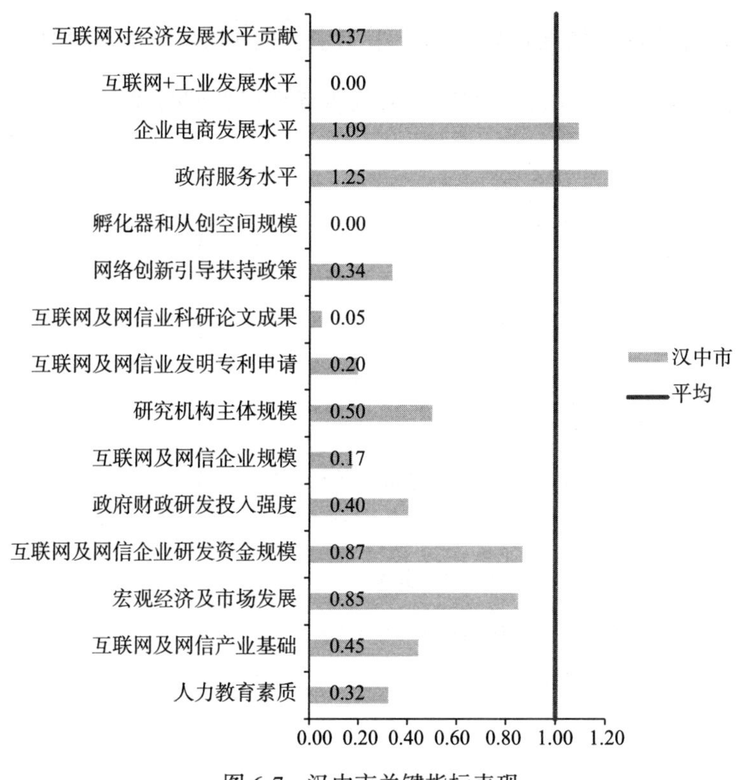

图 6-7　汉中市关键指标表现

6.2.8　榆林市

如图 6-8 所示，榆林市有 5 项关键指标高于陕西省平均水平。在网络创新产出绩效方面，互联网对经济发展水平贡献高出陕西省平均水平 2.21 倍，互联网 + 工业发展水平高出陕西省平均水平 2.83 倍；在网络创新资源投入方面，政府财政研发投入强度达到陕西省平均水平的 152%，互联网及网信企业规模存在进步空间，为陕西省平均水平的 23%。

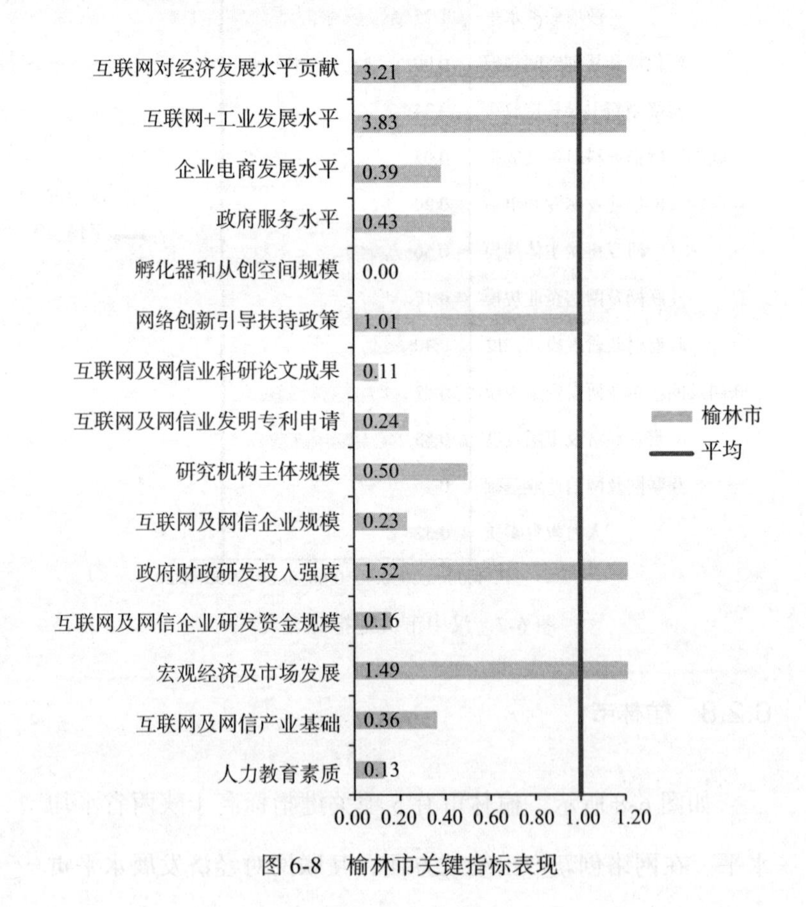

图 6-8 榆林市关键指标表现

6.2.9 安康市

如图 6-9 所示，安康市在企业电商发展水平方面达到陕西省平均水平的 57%，政府服务水平为陕西省平均水平的 56%，存在进步空间。

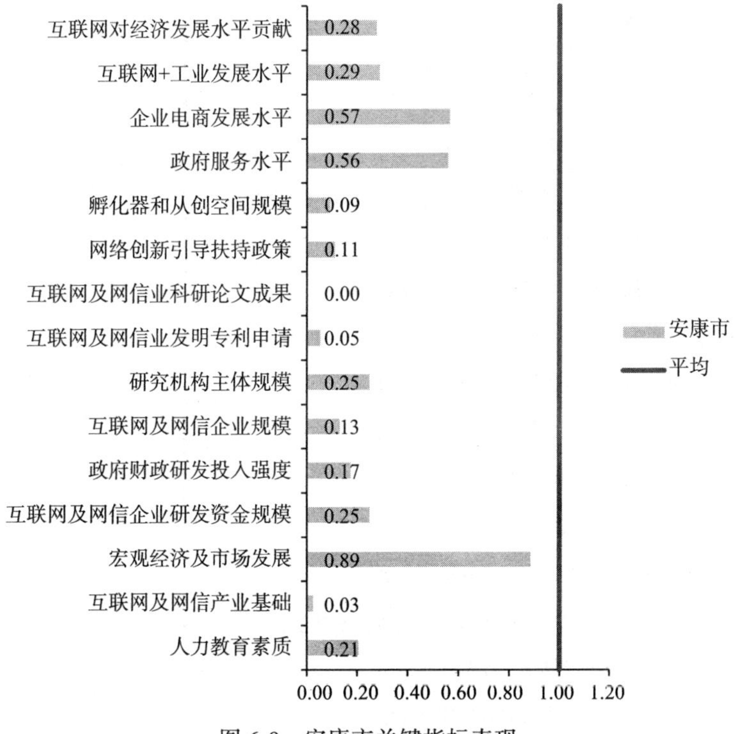

图 6-9　安康市关键指标表现

6.2.10 商洛市

如图 6-10 所示，商洛市有 1 项关键指标高于陕西省平均水平，企业电商发展水平达到陕西省平均水平的 114%。互联网对经济发展水平贡献为陕西省平均水平的 14%，存在较大进步空间。

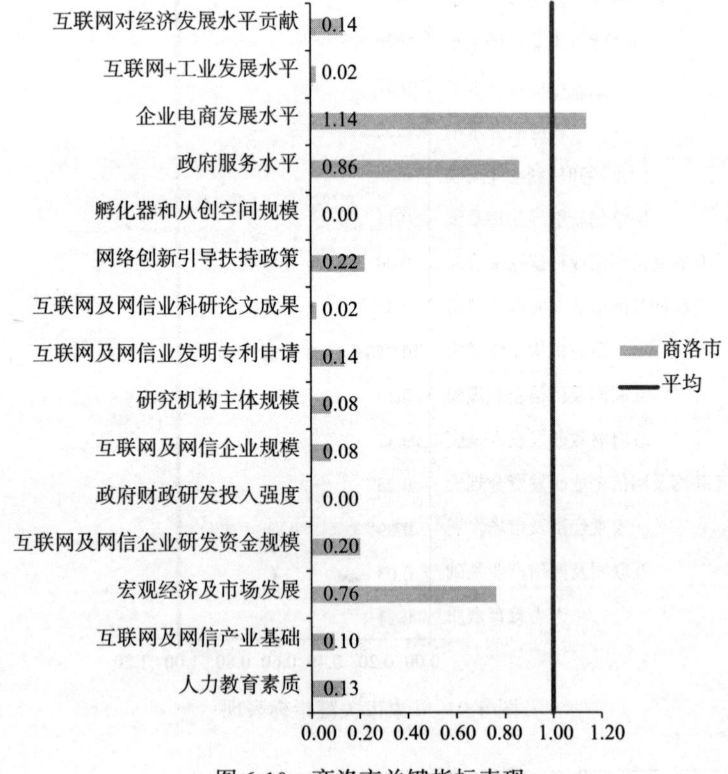

图 6-10 商洛市关键指标表现

第 7 章

总结与建议

7.1 全国地区网络创新发展水平评价结论

2017年地区网络创新指数排名如表7-1所示，2017年地区网络创新指数和分指数十五强如表7-2所示。

表7-1 地区网络创新指数排名表

排名	地区	得分	排名	地区	得分
1	北京	82.96	15	湖南	43.6
2	广东	69.23	16	江西	43.14
3	江苏	65.3	17	河北	42.99
4	上海	64.14	18	河南	42.21
5	浙江	59.74	19	吉林	42.14
6	福建	53.99	20	黑龙江	41.63
7	山东	52.34	21	内蒙古	40.2
8	天津	47.71	22	广西	39.98
9	四川	47.43	23	山西	38.81
10	辽宁	46.94	24	新疆	38.65
11	安徽	46.29	25	甘肃	37.51
12	湖北	45.84	26	云南	37.39
13	重庆	44.54	27	宁夏	36.86
14	陕西	44.05	28	西藏	36.66

（续）

排名	地区	得分	排名	地区	得分
29	海南	36.64	31	青海	35.94
30	贵州	36.51			

表 7-2 地区网络创新指数和分指数十五强

排名	网络创新指数	网络创新基础支撑环境	网络创新资源投入	网络创新知识创造	创新知识转化赋能	网络创新产出绩效
1	北京	北京	江苏	天津	北京	北京
2	广东	上海	广东	北京	广东	上海
3	江苏	浙江	北京	四川	上海	广东
4	上海	广东	浙江	安徽	福建	浙江
5	浙江	江苏	山东	江苏	江苏	江苏
6	福建	辽宁	上海	浙江	江西	福建
7	山东	天津	四川	重庆	山东	山东
8	天津	福建	湖北	湖北	吉林	西藏
9	四川	重庆	河北	广东	浙江	四川
10	辽宁	山东	陕西	天津	安徽	湖北
11	安徽	陕西	福建	山东	内蒙古	陕西
12	湖北	新疆	辽宁	陕西	广西	安徽
13	重庆	四川	河南	上海	辽宁	辽宁
14	陕西	内蒙古	湖南	湖南	重庆	湖南
15	湖南	湖北	安徽	甘肃	黑龙江	重庆

7.1.1 东部地区的网络创新发展水平

（1）东部地区处于网络创新发展的领先地位。2017 年，东部地区在网络创新指数排名前 15 名中占据了 8 个席位。北京、广东、江苏、上海、浙江、福建、山东、天津稳居前

8位，遥遥领先其他地区。具体而言，东部地区在网络创新基础支撑环境、网络创新资源投入、网络创新知识创造、创新知识转化赋能及网络创新产出绩效分指标上，平均得分为65.98、74.00、32.55、63.55和56.72分，远远高于其他地区的平均得分。

这些领先地区在网络创新方面的表现体现在：信息化社会氛围、经济发展水平、网络化技术准备以及科技研发基础较好；教育资源较丰富且高等教育较发达；市场经济和第三产业发展快速；对外开放程度较高，互联网及网信企业自身、政府财政、吸引各类投资机构投入的创新研发资金较多；企业信息化程度较高，研发投入强度大；政府在创新创业引导、扶持、税收政策方面力度较大，具有服务意识，有产出成效；产学研合作水平较高。这些关键要素通过“基础支撑－资源投入－知识转化－融合示范”创新过程链条，要素间协同发展、相互促进和加强，不断完善，呈现出可持续的创新生态体系的良好态势，共同造就了这些地区较强的网络创新水平。

（2）东部地区网络创新基础支撑环境发展与经济发展水

平相一致。在网络创新基础支撑环境分指标上排名前 10 的地区中有 8 名位于东部地区。这是由于这些地区的经济发展水平较高，具体体现在：政府不断加强宽带建设、信息传输、软件及信息服务业等方面的投资力度，并不断改善电商及互联网相关行业发展水平，为网络创新的持续良性发展提供经济支持，促进网络创新的绩效产出效益。这些绩效产出效益又强有力地推动了地区经济的发展，从而形成良性循环。例如，北京的互联网普及率已逼近 80%，上海和广东的互联网普及率也超过 70%；同样，北京第三产业增加值占 GDP 的比重已超过 80%，领跑全国；北京、上海、浙江和江苏在互联网宽带端口普及率方面处于领先水平。这些网络创新基础支撑环境的不断完善，吸引各类投资机构、互联网及网信企业的创新资源投入，带动网络创新绩效提升，促进了当地经济的发展。

（3）东部地区网络创新发展各具特色。北京、广东、上海、河北在网络创新总指数及各分指标的排名大体一致，网络创新基础支撑环境、网络创新资源投入、网络创新知识创造、创新知识转化赋能及网络创新产出绩效等方面发展较均衡。江苏、山东、福建、天津则在网络创新某一分领域表现出色。海南网络创新总体水平较低，是东部地区唯一排名靠后的省份。

江苏、山东在网络创新资源投入方面表现出众。例如，江苏的互联网及网信业从业人数规模为27.32万人，占全国总从业人数的7.5%，仅次于北京和广东；互联网及网信业高学历人才规模高达4.54万人，仅次于北京、上海和广东。与全国相比，江苏的互联网及网信业高学历人才规模、从业人数规模均达到全国平均水平的2倍以上。山东的互联网及网信业从业人数规模为18.25万人，互联网及网信业高学历人才规模高达2.24万人，这两项指标的规模达到全国平均水平的158%。这反映出江苏和山东对创新人才资源的供给能力较强，资金投入规模较大，并搭建出良好的创新平台。凭借这一突出优势，这两省的网络创新成效显著。

福建在创新知识转化赋能方面表现亮眼。其中，福建的政府网站绩效得分为90.6，网络创新引导扶持政策为504项，分别达到全国平均水平的173%和154%。这反映出福建省政府对网络创新的引导扶持和推动力度较大，政府行政效率较高，为创新成果商业化提供了较好的政策土壤。

天津在网络创新知识创造方面优势明显，互联网及网信业科研成果和发明专利交易分别达到全国平均水平的 140% 和 405%。其中，天津每万人网络发明专利技术成交额为 1 151 325 元，位列全国第 2，仅次于四川；每万人发表的 CSCD 篇数为 0.41 篇，全国排名第 4；每万人发表的 SCI 篇数为 0.21 篇，全国排名第 3。这反映出天津在网络创新专利、科技论文、著作等方面具有较强的创新实力，有利于创新知识成果向发展绩效转化，进而产生出强大的经济与社会效益。

海南网络创新总体水平较低，在关键指标的表现中仅有 10% 的指标高于全国平均水平。网络创新知识创造方面有较大的进步空间，互联网及网信业发明专利交易为全国平均水平的 2%。海南需要借鉴东部其他省份的发展模式，结合自身地区特点和网络创新定位，发展出适合自己的网络创新之路。

7.1.2 西部地区的网络创新发展水平

（1）西部地区在网络创新方面具有很大的发展空间。2017 年，西部地区网络创新指数排名相对靠后，与东部地区相比有较大差距，具有较大的发展空间。在网络创新基础支撑环境、网络创新资源投入、网络创新知识创造、创新知识转化赋能及网络创新产出绩效分指标上，西部地区的平均得分为 48.09、43.25、27.40、41.31 和 38.12，整体发展水平不高。

西部地区的经济发展水平较低，地区的宽带建设水平相对较差，对信息服务、互联网及相关产业的投资力度有待提高，而这些恰是促进地区经济及网络创新水平发展的重要因素。西部地区对科学技术的关注程度不高，新型技术研发投入规模也相对欠缺，对地区经济及网络创新水平的支持力度不高。大部分地区教育资源相对欠缺，难以发挥高校、科研机构及企业研发活动的协同作用，其专利及科研成果在实践中的应用存在较大阻力，软件、信息及互联网相关行业的企业、资金和人力等资源相对欠缺，甚至部分地区互联网及相关行业的企业数量寥寥无几。这些因素均导致西部地区的网络创新发展水平低下，各方面均存在较大的提升空间。

（2）四川、重庆、陕西引领西部地区的网络创新发展，但具体指标表现分化严重。在西部地区，四川、重庆和陕西的网络创新发展总体水平相对较高，网络创新指数排名分别为第 9、第 13 和第 14 位，但在具体分指标上的表现呈现严重的两极分化现象。

四川在网络创新资源投入、网络创新知识创造方面优势明显。四川高校云集，提供了大量的高素质和互联网人才，在网络创新资源投入方面表现相对突出。例如，互联网及网信业高学历人才规模、从业人数规模均超过全国平均水平 59%。互联网企业、地区政府、投资机构及基金组织对网络创新的资金支持力度也较大，得分位于全国前 10。在网络创新知识创造方面，四川互联网及网信业发明专利技术成交额高出全国平均水平 4.75 倍，位列全国第一。但其创新知识转化赋能方面表现相对较差，网络创新引导扶持政策和成果转化服务远低于全国平均水平。政府对网络创新引导扶持政策、网络创新税收优惠及减免政策出台力度不够，网络创新交流活跃度、孵化器和众创空间规模表现较差。

重庆在网络创新基础支撑环境、网络创新知识创造方面优势明显。在网络创新基础支撑环境方面，互联网宽带端口普及率达到全国平均水平的 113%，国民经济发展水平达到全国平均水平的1.06倍。在网络创新知识创造方面，每万人网络发明专利技术成交额为319 972元，每万人发表的CSCD篇数为0.29篇，每万人发表的SCI篇数为0.13篇，全国排名均在前列。但其在网络创新资源投入方面表现较差，创新研发财力资源、人力资源反差较大。根据关键指标比对，重庆互联网及网信企业研发资金规模达到全国平均水平的135%，互联网及网信业高学历人才规模和从业人数规模不足全国平均水平的40%，存在较大的进步空间。

陕西省的网络创新发展表现与此类似，具体分析见7.2节。

7.1.3 中部地区的网络创新发展水平

（1）中部地区为网络创新发展的中坚力量。2017年，中部地区在网络创新指数排名中，大部分地区位居第10～20名，仅山西省排名在第20名以后。中部地区的网络创新指数平均水平为43.32，远低于东部地区（均值为57.0），高于西部地区（均值为39.64），基本上与东北三省（均值为43.57）相当。中部地区的网络创新指数虽然与东部地区有一定差距，但总体呈现良性态势，是我国网络创新的中坚力量。

（2）中部地区在网络创新各方面发展均衡。在网络创新指数排名中，排名最高的是安徽省，其网络创新指数为 46.29；排名最低的是山西省，其网络创新指数为 38.81。在网络创新基础支撑环境、网络创新资源投入、网络创新知识创造、创新知识转化赋能及网络创新产出绩效分指标上，中部地区的平均得分为 47.71、50.27、29.69、49.58 和 39.49，排名大部分处于中间位置，无明显落后短板。因此，中部地区网络创新各方面发展较为均衡，整体协调性较好。

（3）部分地区的网络创新发展独具特色。安徽省在专利标准成果及科研知识成果方面拥有较高水平，网络创新知识创造实力较强。互联网及网信业发明专利申请数量、交易额均位于全国前列，专利标准成果的得分为 69.37，排名全国第 2，仅次于天津市。

江西省在引导扶持政策和成果转化服务方面的优势突出。例如，江西省的孵化器和众创空间规模为 35 个，达到全国平均水平的 129%；政府网站绩效得分为 83.8，为全国平均水平的 134%。

湖北省在网络创新资源投入、网络创新知识创造和网络创新产出绩效方面表现出色。其中，互联网及网信业科研成果达到全国平均水平的145%，互联网及网信业发明专利交易达到全国平均水平的257%；孵化器和众创空间规模、网络创新引导扶持政策分别达到全国平均水平的104%和105%。湖北省凭借优质的教育资源，强化人才落地政策，扩大产学研基地规模，增强了其知识创新实力，带动了互联网行业及其在金融、工业、农业等领域的产出绩效，互联网创新呈现出良好态势。

7.1.4 东北三省的网络创新发展水平

（1）东北三省在网络创新方面发展潜力大。2017年，在网络创新指数排名中，辽宁的得分为46.94分，位居全国第10，远超排名第19的吉林和排名第20的黑龙江。在网络创新基础支撑环境、网络创新资源投入、网络创新知识创造、创新知识转化赋能及网络创新产出绩效方面，东北三省的平均得分为53.51、50.27、25.17、51.77和39.2，与东部地区的差距较大，在网络创新方面发展潜力较大。

（2）东北三省网络创新水平分别处于两个梯队。从全国网络创新聚类分析结果来看，辽宁省位于第三梯队，吉林省和黑龙江省处于第四梯队。处于第三梯队的辽宁省网络创新总体发展水平较高。例如，在网络创新基础支撑环境方面，辽宁省的互联网宽带端口普及率和人力教育素质分别达到全国平均水平的214%和147%；在网络创新资源投入方面，互联网及网信业高学历人才规模和从业人数规模分别达到全国平均水平的108%和107%，互联网及网信企业研发资金规模达到全国平均水平的160%。可以看出，近年来，辽宁省加强对电信基础设施的支持力度，同时积极引进国内外高端人才，利用大学科技园、电子商务园区等有利条件，鼓励和引导各类投资机构加大对互联网项目的投资。

吉林省和黑龙江省处于第四梯队，网络创新水平较低。从网络创新关键指标分析结果来看，黑龙江省仅有1项关键指标高于全国平均水平，吉林省有2项关键指标高于全国平均水平。黑龙江省互联网及网信业科研成果和发明专利交易均不足全国平均水平的60%，网络创新知识创造发展空间较大。可以鼓励科技人员创办“互联网+”企业，鼓励省内高校完善“互联网+”学科，加强教育与产业发展的链接，完善网络创新人才激励机制，提高网络创新知识创造能力。

7.2 陕西省网络创新发展水平评价结论

7.2.1 陕西省网络创新发展整体水平

（1）陕西省网络创新总体发展水平一般，各分指标发展不均衡。2017 年，在网络创新指数排名中，陕西省的得分为 44.05 分，位居全国第 14 名。在西部地区排名中，陕西省位居第 3，稍微落后于四川省、重庆市。就分项指标来看，2017 年，陕西省网络创新基础支撑环境分指数的得分为 53.42，排名第 11 位；网络创新资源投入分指数的得分为 54.55，排名第 10 位；网络创新知识创造分指数的得分为 30.35，排名第 12 位；创新知识转化赋能分指数的得分为 39.67，排名第 25 位；网络创新产出绩效分指数的得分为 41.39，排名第 11 位。可以看出，经过数年的重点发展，陕西省在网络创新方面具备一定的实力，尤其是在电子信息产业、电子商务以及“互联网 +”等方面更是形成了一定的产业集群，带动互联网经济及传统经济的协同发展。但在地区引导政策薄弱、基础支撑环境并不具备优势的情况下，陕西省在网络创新方面还需要夯实基础，加强网络基础设施投入，营造良好的网络信息氛围，出台更有力度的扶持政策、税收优惠及减免政策，大力支持创客空间、创业孵化器、校企创新基地等网络化发展。

（2）陕西省在网络创新关键指标领域发展水平较低。对 16 个影响网络创新的关键指标进行分析后发现，陕西仅有 4 项关键指标高于全国平均水平。网络创新知识创造方面优势明显，互联网及网信业科研成果达到全国平均水平的 126%，互联网及网信业发明专利交易达到全国平均水平的 250%；在网络创新资源投入方面，互联网及网信业高学历人才规模存在一定的进步空间，为全国平均水平的 52%；在网络创新产出绩效方面，互联网 + 工业融合达到全国平均水平的 116%，iGPD 存在进步空间，为全国平均水平的 85%。

7.2.2　地级市网络创新发展水平

（1）西安市在网络创新方面具有绝对优势。西安市是陕西省政治、经济和文化中心，也是省内网络创新活动的先锋。2017 年，西安市网络创新总指数得分为 68.68，网络创新基础支撑环境、网络创新资源投入、网络创新知识创造、创新知识转化赋能和网络创新产出绩效分指标的分数分别为 86.31、87.13、52.97、36.65 和 78.66，其总指数及分指数得分均遥遥领先于其他地级市。西安市集中了陕西省内优质的政策、科研、教育、技术和信息等方面的资源，是陕西省内资本运作的前沿阵地。这些优势造就了西安市的企业创新动力足，研发投入较高，产学研合作水平较高。因而，西安在网络创新方面占据绝对优势。

（2）各地级市网络创新发展不均衡。在陕西省十大地级市创新指数排名中，西安市以超过宝鸡市两倍以上的得分遥遥领先。对陕西省各地级市网络创新能力关键指标进行分析，西安市以 90% 的指标高于陕西省平均水平位列第 1，不足 10% 的指标高于陕西省平均水平的地级市有铜川市、安康市和商洛市，其中安康市没有一项指标高于陕西省平均水平。这体现出陕西省内各地级市之间网络创新发展水平差距过大，各地级市网络创新发展极度不均衡。西安市作为陕西省的中心城市，远超其他地级市，环抱在西安市周围的宝鸡市、咸阳市、铜川市似乎并没有被西安市的发展进程所带动，这似乎体现出省内优质的资金、人才资源分配不平衡的现状。

（3）各地级市网络创新梯队格局与其对外开放程度有一致性。众所周知，根据其地理环境特性陕西省可被分为三个地区，分别是陕北地区、关中地区和陕南地区。陕北地区和陕南地区因其先天的地理环境因素而陷于发展较缓慢的状况，同时也并非对外开放的先锋队。陕西省各地级市对外开放程度的层次与各地级市网络创新发展的梯度层次大致相当，在网络创新排序中，处于第一、第二梯队的地级市为西安市、宝鸡市、咸阳市、榆林市和渭南市。排名靠前的地级市均位于关中地区，以西安市为引领，宝鸡市、咸阳市、渭南市以其环抱西安市的地理格局而拥有相对其他地级市较高水平的对外开放程度。同样，榆林市以自然资源为优势，也获得了较高的对外开放程度。其余地级市则在对外开放程度方面处于劣势。

（4）网络创新资源投入是落后地级市的关键短板。2017 年，关中地区尤其是西安市，在网络创新资源投入方面表现突出，得分高达 87.13，远超第 2 名咸阳市 2 倍以上。其中，网络创新资源投入的最高分与最低分之差超过 65.8，反映出网络创新资源投入在陕西省各地级市之间的分布极不均衡。网络创新资源投入的差距反映了不同城市的投资环境存在差异，这是大部分城市网络创新发展水平低的重要原因。突破网络创新资源投入的关键短板，既需要提高城市政府投入的力度，也需要得到国家以及省级政策和财政的帮助与支持，从而突破具有先发优势的城市面临的竞争限制。

纵观陕西省各地级市的网络创新发展状况，各地级市应当充分发挥自身的有利条件，因地制宜地提高自身网络创新水平。拥有丰富的矿产资源、旅游资源的陕北地区，环绕西安市能够更多的与优质资本靠近的关中地区，拥有林业资源、旅游资源和优越生态条件的陕南地区，都可以利用自身的优势，通过不同途径、手段达到提高网络创新水平的目的。同时，政府政策的支持力度不可或缺，各市也应当关注优质资本的招揽、高素质人才的引进。

7.3 陕西省网络创新发展建议

7.3.1 完善网络创新基础设施

营造良好的网络创新环境，能够为网络创新的良好发展提供坚实的基础和有利的条件。陕西省的网络创新基础环境较为优异，在西部地区排名第 2，人力教育素质、企业信息化水平略低于东部地区，但互联网宽带端口数仅达到全国平均水平的一半。陕西省可以依托“互联网+”行动的推动，落实好“宽带中国”战略，加强网络创新的基础建设。一是加大农村宽带网络建设力度，深入开展“百兆乡村”“宽带乡村”工程建设；二是完善商业街区、旅游景点、医院等公共服务场所和热点区域的4G/WLAN无线网络覆盖，提升用户高速移动数据服务体验。强化网络信息安全，提升网络服务能力。同时，深入实施知识产权战略行动计划，加快社会征信体系建设和社会信用立法工作，加大知识产权的保护，切实形成人人尊重知识产权、注重社会信誉和以诚信为荣的社会氛围，以使从业人员和研究者保持创新活力。与此同时，发布并完善互联网安全标准，从技术安全和安全管理等方面，全面保护互联网用户个人敏感信息。

7.3.2 深化网络创新人才发展

网络创新人才是核心竞争力，是竞争的根本。四川、陕西是网络创新人才储备大省，但是人才大量流向北上广等地。相比其他省份，陕西省的网信业从业人数规模庞大，但是网信业高学历人才规模仅达到全国平均水平的52%。陕西省需要建立起与全面创新改革相适应的人才制度体系，建立健全导向鲜明、激励有效、科学规范的人才培养、引进和使用模式。制定高层次人才特殊支持办法，提供各项资助与优惠政策；完善海外人才引进政策，简化行政手续，激发创新活力；鼓励互联网企业招聘应届毕业生，并提供政府补贴、培训费用和落户等政策。人才评价机制也需要与时俱进，由于互联网不同于传统行业，相较于技术、资金、观念、商业模式往往更加重要，需要制定更加符合网络创新的人才评价标准，逐步完善人才培育体系。通过各方努力，形成规模宏大、结构优化、布局合理、富有创新精神的高层次网络创新人才队伍，实现由人才大省向人才强省的转变。

7.3.3 加强建设网络创新平台

陕西省互联网及网信业的发展不如北京、广东、上海、浙江和江苏等地，缺乏强有力的当地企业对资源进行整合，信息采集、交换、共享机制尚未建立，物流设施共用、信息共享机制尚未形成，难以形成良好的平台效应性。政府可以加大对网络创新平台的投入，大力扶持当地互联网企业，引进互联网领军企业，鼓励成立研究所、数据中心，打破信息孤岛，带动地区网络创新的发展。在服务平台建设期和运营初期，可通过提供办公场所、基础设施、资金和人才等进行扶持和引导。对于一些企业自建的网络创新平台，政府相关部门及行业协会可以调研、统计这些平台的效果，以指导企业更好地利用互联网平台。对于非互联网企业，政府应鼓励这些企业加入网络创新平台，提供专项资金来引导它们利用互联网、信息技术来提升企业产品的内涵、进行产品升级换代。利用好网络创新平台，还能够把互联网和包括传统行业在内的各行各业有机结合起来，能够在新的领域创造一种新的生态。政府应该关注这些模式新颖的企业，给予必要的扶持。形成良好的网络创新平台，不断涌现出互联网领军企业，而平台的集聚性和规模效应有助于地区吸引创业创意、创业人才、创投企业、行业专家等资源，建立更为完善的互联网创业与投资服务体系，从而形成良性循环。

7.3.4　大力推动网络创新成果的转化

陕西省在网络创新领域实力雄厚，网络创新成果丰富，基础完善，但是并没有涌现出许多优秀的网络企业，产业转型、企业提升还有待加强。这说明陕西省的科技创新成果缺乏良好的成果转化渠道，互联网及网信业的经济潜能没有完全发挥出来，陕西省的政府服务赋能在全国31个地区中排名落后。因此，陕西省政府需要为网络创新成果的应用提供动力。政府应当建立多元化、多渠道的投入体系，对重点网络创新项目进行大力支持，主动引领前沿“互联网+”重大工程，包括“互联网+”协同制造云服务支撑平台、工业机器人智能系统、物联网管理平台和物联网广域通信网络系统等工程；实施好大学生创业引领计划，支持其到互联网行业进行创业。政府的税收优惠及减免政策可以为网络创新驱动发展的全过程营造健康的发展环境。通过各项网络创新的税收抵扣或是具体减免税的政策法规，激励企业进行网络自主创新，应用网络创新成果，并降低区域内的创新壁垒，激发各个行业、各个地区的创新热情。

7.3.5 推进互联网与实体经济的有机融合

促进实体经济发展是网络创新的重要一环。电子商务、网上支付实际上是实体经济初步网络化的结果，这仅仅是实体经济的网络营销，是实体经济的一个环节。对实体经济而言，决定性的要素仍是实体经济的内涵。陕西省制造业实力雄厚，在“互联网+”时代下，传统的制造业需要进行结构调整与转型，制造业企业要学会顺应潮流、积极开展网络创新。政府需要引导企业进行互联网和制造业的深度融合，除了基于互联网进行营销外，更重要的是借助互联网加快转型升级、提升产品的质量、降低生产成本和改善管理效率。陕西省政府可以加大对制造业与互联网融合发展的资金投入力度，充分发挥陕西省在制造业和网络创新方面的优势，采购云计算等专业化第三方服务；同时，分区域、分行业建立评估体系标准，对企业的互联网融合进程进行评估，对优秀的企业进行表彰和宣传，鼓励实体企业主动对接互联网，通过互联网进行制造和生产工艺的转型升级，促进生产、管理及营销等模式的创新，提高行业的竞争力和市场占有率，使互联网与实体经济成为一个相辅相成的共同体，相互促进和发展，达到共赢，产生 1+1>2 的效果。

7.3.6　政府积极引导网络创新方向

在网络创新的发展过程中，市场无疑是最重要的导向与杠杆，但政府辅助推动的作用也不容小觑。互联网行业有别于传统行业，新的商业机会不断出现，往往不是“大鱼吃小鱼”，而是“快鱼吃慢鱼”，并且具有很强的先发优势。中西部大部分地区由于缺乏龙头企业的带领、经济基础薄弱等原因在网络创新活动中暂时落后，但在瞬息万变的信息化时代，实现“弯道超车”是十分有可能的。目前网络信息技术最重要的八大领域为柔性电子、人工智能、物联网、新型材料、数据科学、空间科学、能源科学、健康科学，这些领域都有可能出现技术拐点，实现颠覆性的科技创新。陕西省政府应当发挥自身优势，在人工智能、物联网等领域大力推进网络创新，同时在网络创新领域加强与领先地区的对接和沟通，通过政策、资金投入等方式，加大对网络创新的扶持力度，引导科研院校和企业迅速抢占“新机会”，占领新的技术和商业制高点。

附录 A

指标解释和数据源说明

中国网络创新评价（三级）指标解释及数据源说明

三级指标	指标解释	数据来源
人力教育素质	大专以上学历人口占地区人口比（%）	《中国统计年鉴—2017》
互联网普及率	互联网普及率	《中国统计年鉴—2017》
	移动互联网流量/人	《中国统计年鉴—2017》
社会网络化水平	互联网消费水平	《中国统计年鉴—2017》
	潜在互联网消费水平	《中国统计年鉴—2017》
互联网宽带端口普及率	互联网宽带端口数	《中国统计年鉴—2017》
两化融合水平	生产设备数字化率（%）	工信部国家工业信息安全发展研究中心、两化融合管理体系工作平台
	数字化研发设计工具普及率（%）	
	关键工序数控化率（%）	
	应用电子商务比例（%）	
	实现网络化协同的企业比例（%）	
	开展服务型制造的企业比例（%）	
	开展个性化定制的企业比例（%）	
	智能制造就绪率（%）	
	云平台应用率（%）	

（续）

三级指标	指标解释	数据来源
网络信息安全水平	网站高危漏洞发生频度（次 / 年）	《中国统计年鉴—2017》
生态宜居环境水平	医疗保障度：每千人医疗卫生机构床位 ×10（床 / 千人）	《中国统计年鉴—2017》
	绿化覆盖率：森林面积 / 地区人口数（公顷 / 人）	《中国统计年鉴—2017》
	交通便捷度：民用汽车拥有量 / 地区人口数（辆 / 人）	《中国统计年鉴—2017》
	环境空气质量 AQI（包括 PM2.5（$\mu g/m^3$）、PM10（$\mu g/m^3$）、NO_2（$\mu g/m^3$）、SO_2（$\mu g/m^3$）、CO（mg/m^3）、O_3（$\mu g/m^3$）六大空气污染物）	中华人民共和国生态环境部
	能耗下降率：万元地区生产总值能耗上升或下降率（%）	《中国统计年鉴—2017》
	商品房价：商品房销售额 / 交易面积（元 /m^2）	《中国统计年鉴—2017》
居民电子商务规模	地区电子商务销售额 / 地区居民消费支出（%）	《中国统计年鉴—2017》
国民经济发展水平	GDP/ 地区人口数（元 / 人）	《中国统计年鉴—2017》
互联网及网信企业研发资金规模	地区 R&D 经费 / 主营业务成本 × 地区互联网企业占比（%）	《中国统计年鉴—2017》
投资机构对互联网及网信业投资规模	投资机构对互联网及网信业的投资项目数（个）	清科研究中心
	投资机构对互联网及网信业的投资额（百万美元）	
基金机构对互联网及网信业投资规模	互联网及相关行业的基金项目（个）	万德数据库
	互联网及相关行业的基金金额数量（百万美元）	万德数据库
政府对科研项目基金资助规模	获得国家级及各部委科研基金资助基金（学科编号 F01、F02）项目额（万元）	国家自然科学基金委员会
	互联网及网信业政府基金投资额（百万元）	清科研究中心

（续）

三级指标	指标解释	数据来源
互联网及网信业从业人数规模	互联网及网信业从业人数（%）	《中国统计年鉴—2017》
互联网及网信业研发人员规模	互联网及网信业企业 R&D 人员数（人 / 万人）	《中国统计年鉴—2017》
互联网及网信业高学历人才规模	互联网及网信业就业人数 × 各省高学历人才比例（万人）	《中国统计年鉴—2017》
产学研基地 / 平台规模	国家重点实验室或研究中心数量（个）	中华人民共和国教育部
高新技术产业区规模	国家级高新技术产业开发区数量（个）	中华人民共和国科学技术部
	国家级高新技术产业企业数量（个）	中华人民共和国科学技术部
	国家级示范生产促进中心数量（个）	中华人民共和国科学技术部
	国家级技术转移示范机构数量（个）	中华人民共和国科学技术部
互联网及网信业发明专利申请	互联网及网信业专利申请数（件 / 万人）	《中国统计年鉴—2017》
互联网及网信业发明专利交易	互联网及网信业发明专利技术成交额（万元 / 万人）	《中国统计年鉴—2017》
互联网及网信领域实用新型申请	互联网及网信业实用新型申请数（件 / 万人）	《中国统计年鉴—2017》
互联网及网信领域科研论文成果	互联网及网信领域 CSCD 收录论文（篇 / 万人）	Web of Science
	互联网及网信领域 SCI 收录论文（篇 / 万人）	Web of Science

（续）

三级指标	指标解释	数据来源
互联网及网信领域科研获奖成果	国家级、省部级科技成果获奖项数（个），包括国家科学技术进步奖、国家技术发明奖、各部委级科研成果奖	中华人民共和国科学技术部
网络创新引导扶持政策	地方政府互联网及网信双创相关政策（个 / 年）	北大法宝
网络创新税收优惠及减免政策	地方税收优惠、税收减免政策（个 / 年）	北大法宝
网络创新交流活跃度	地方规模以上互联网及网信领域科技交流会议频数（数 / 年）	中国学术会议网
孵化器和众创空间规模	国家科技部公布孵化器数量（个）	中华人民共和国科学技术部
	国家科技部公布众创空间数量（个）	中华人民共和国科学技术部
政府网站绩效	（信息发布数（条）+ 解读回应数（条）+ 办事服务指南（条）+ 互动交流条数（条））/ 年	中国软件测评中心
上市互联网及网信企业发展规模	互联网及网信业（国内、国外）上市公司数（个）	东方财富网
	互联网及网信业（国内、国外）上市公司市值（亿元）	东方财富网
创建期互联网及网信企业发展规模	互联网及网信业新三板创建期公司数量（个）	东方财富网
	互联网及网信业新三板公司市值规模（亿元）	东方财富网
互联网及网信企业示范应用规模	国家级电子商务示范企业数 / 地区电子商务企业数（%）	中华人民共和国商务部
	拥有全国百强互联网企业数量（个）	中国互联网协会
互联网及网信企业净利润收益	规模以上互联网及网信企业营业收入 / 地方总生产总值增加值（%）	《中国统计年鉴—2017》
iGPD	（个人消费支出 + 企业投入 + 政府公共开支 + 贸易平衡）/GDP①	《中国统计年鉴—2017》

（续）

三级指标	指标解释	数据来源
互联网+工业融合	智能制造试点示范项目（个）	中华人民共和国工业和信息化部
	制造业“双创”平台试点示范项目（个）	中华人民共和国工业和信息化部
	新型工业化产业示范基地（个）	中华人民共和国工业和信息化部
	两化融合示范企业数量（个）	中华人民共和国工业和信息化部
	信息消费创新应用示范项目（个）	中华人民共和国工业和信息化部
	智能制造示范企业数量（个）	中华人民共和国工业和信息化部
	工业品牌培育示范企业数量（个）	中华人民共和国工业和信息化部
互联网+商务融合	国家电子商务示范基地（个）	中华人民共和国商务部
	国家电子商务示范企业数（个）	中华人民共和国商务部
	国家电子商务示范县数（第四批）(个)	中华人民共和国商务部
互联网+文化与科技融合	国家级文化和科技融合示范基地数量（个）	中华人民共和国科学技术部
互联网+农业示范融合	国家级全国农业农村信息化示范基地和企业数量（个）	中华人民共和国农业部

① 个人消费支出是指地区个体消费者在核算期内在与互联网相关的商品和服务上的总支出。

企业投入是指地区企业在核算期内为日常经营购买与互联网相关的商品和服务的支出。

政府公共开支是指地区社会公共服务部门在核算期内为满足公共需求向全社会提供的与互联网相关的服务。

贸易平衡是指地区在核算期内与互联网相关的商品和服务出口总额减去进口总额的值，即净出口。

陕西省网络创新评价（三级）指标解释及数据源说明

三级指标	指标解释	数据来源
人力教育素质	普通高等院校预计毕业生规模	《陕西省统计年鉴—2017》
互联网普及率	固定电话普及度	《陕西省统计年鉴—2017》
	移动互联网普及度	《陕西省统计年鉴—2017》
	互联网普及度	《陕西省统计年鉴—2017》
互联网及网信产业基础	地级市信息传输、软件和信息技术服务业产值（万元）	《陕西省统计年鉴—2017》
	通信运营基础水平	《陕西省统计年鉴—2017》
制造业发展水平	相关设备产业基础增长水平（万元 / 年）	《陕西省统计年鉴—2017》
	相关零售业规模发展水平（万元 / 年）	《陕西省统计年鉴—2017》
两化融合水平	地级市每百家企业拥有网站数（个）	《陕西省统计年鉴—2017》
	地级市企业每百人使用计算机数（台）	《陕西省统计年鉴—2017》
生态宜居环境水平	地级市每万人医疗机构床位数（个 / 万人）	《陕西省统计年鉴—2017》
	地级市人均交通工具拥有量（个）	《陕西省统计年鉴—2017》
	地级市环境空气质量 AQI（包括 PM2.5（$\mu g/m^3$）、PM10（$\mu g/m^3$）、NO_2（$\mu g/m^3$）、SO_2（$\mu g/m^3$）、CO（mg/m^3）、O_3（$\mu g/m^3$）六大空气污染物）	陕西省环境保护厅发布
	地级市商品房销售额 / 商品房销售面积（元 /m^2）	《陕西省统计年鉴—2017》
社会消费水平	地级市社会消费零售总额 / 人口（万元 / 人）	《陕西省统计年鉴—2017》

（续）

三级指标	指标解释	数据来源
宏观经济及市场发展	国民经济发展水平	《陕西省统计年鉴—2017》
	第三产业 GDP 占总 GDP 比	《陕西省统计年鉴—2017》
	民营经济活力（%）	《陕西省统计年鉴—2017》
互联网及网信企业研发资金规模	R&D 经费投入强度（%）	陕西《科技统计快报》(2018)
地区投入互联网及网信行业研发占比	地方投入互联网行业 R&D 经费占比（%）	陕西《科技统计快报》(2018)
政府财政研发投入强度	地方财政科技支出 / 市财政支出（%）	陕西《科技统计快报》(2018)
互联网及网信企业规模	互联网及网信业从业人员规模（人 / 万人）	前瞻数据库
高校、技校规模	高等学校数量（个）	陕西省教育厅
	独立学校、成人高等教育学校规模（个）	陕西省教育厅
	地市中职学校 + 厅属技工学校规模（个）	陕西省教育厅
研究机构主体规模	研究院所规模（个）	陕西省科学共享数据平台
产学研基地 / 平台规模	地市重点实验室规模（个）	陕西省科学共享数据平台
	地市级工程中心规模（个）	陕西省科学共享数据平台
高新技术 / 经济开发区	高新技术及经济开发区规模（个）	《中国开发区审核公告》(2017)
互联网及网信业发明专利申请	就业人员互联网及网信业专利申请数（件 / 万人）	《陕西省统计年鉴—2017》
互联网及网信业发明专利人均拥有量	就业人员发明专利人均拥有量（件 / 万人）	陕西省科学技术情报研究院
互联网及网信业科研论文成果	CSCD 收录的互联网及网信领域科技论文（篇 / 地区万人）	中国科技论文与引文数据库
	SCI 收录的互联网及网信领域科技论文（篇 / 地区万人）	web of Science

（续）

三级指标	指标解释	数据来源
网络创新引导扶持政策	科技创新创业相关政策发文发布频数（个/年）	北大法宝
孵化器和众创空间规模	国家科技部公布孵化器规模（个）	中华人民共和国科学技术部
	国家科技部公布众创空间规模（个）	中华人民共和国科学技术部
政府服务水平	信息发布数（条）+解读回应数（条）+办事服务指南（条）+互动交流条数（条）	中国软件测评中心
跨境电商发展水平	跨境电商发展水平（万元）	《陕西省统计年鉴—2017》
企业电商发展水平	有电子商务交易活动的企业规模（个）	《陕西省统计年鉴—2017》
	有电子交易活动的企业/总企业规模（%）	《陕西省统计年鉴—2017》
	电子商务销售水平（万元）	《陕西省统计年鉴—2017》
	电子商务采购水平（万元）	《陕西省统计年鉴—2017》
互联网+工业发展水平	工业网络化融合水平	两化融合服务平台
互联网+典型示范应用	电子商务示范基地、示范企业、电子商务进农村示范县规模（个）	中华人民共和国商务部
互联网对经济发展水平贡献	个人消费支出+企业投入+政府公共开支+贸易平衡）/GDP①	《陕西省统计年鉴—2017》

① 个人消费支出是指地区个体消费者在核算期内在与互联网相关的商品和服务上的总支出。
企业投入是指地区企业在核算期内为日常经营购买与互联网相关的商品和服务的支出。
政府公共开支是指地区社会公共服务部门在核算期内为满足公共需求向全社会提供的与互联网相关的服务。
贸易平衡是指地区在核算期内与互联网相关的商品和服务出口总额减去进口总额的值，即净出口。

附录 B

计算模型说明

主成分法

假设有n个评价对象（i=1，2，…，n）和m个评价指标（j=1，2，…，m），主成分的数学模型如下

$$\begin{cases} Z_1 = a_{11}x_1 + a_{12}x_2 + \cdots + a_{1m}x_m \\ Z_2 = a_{21}x_1 + a_{22}x_2 + \cdots + a_{2m}x_m \\ Z_m = a_{m1}x_1 + a_{m2}x_2 + \cdots + a_{mm}x_m \end{cases}$$

Z_k（k = 1，2，…，m）表示第k个主成分变量，x_j为原始变量X_j的标准化变量，a_{kj}为因子载荷，它是主成分变量Z_k与相应原始变量X_j的相关系数，反映了它们之间的密切程度和方向。

主要性质体现为以下几点。①各主成分的作用大小依次递减，即$Z_1 \geqslant Z_2 \geqslant \cdots \geqslant Z_m$。②$p$（$p \leqslant m$）个主成分所反映的所有信息与$m$个原变量反映的总信息相等。信息量的多少，一般用变量的方差来度量。由于对变量做了标准化处

理，故 m 个主成分的方差之和为 m。③主成分 Z_k 的贡献率 $W_k=\frac{\lambda_k}{m}\times 100\%$（$\lambda_k$ 为 Z_k 对应的特征值），前 p 个主成分的累计贡献率为 $\sum_{k=1}^{p}\frac{\lambda_k}{m}\times 100\%$。④当选取前 p 个主成分时，根据 p 个主成分的得分 Z_1，Z_2，…，Z_p 和相应的贡献率，建立综合评价函数 $f=W_1Z_1+W_2Z_2+\cdots+W_pZ_p$。为确保信息不丢失，取 $p=m$。

本报告以三级指标数据为基础，运用主成分方法进行计算处理，得到二级指标得分，处理流程略。

熵权法

该方法的理论基础是利用评估指标所携带价值量的价值系数来计算的，价值系数越高，对研究对象的解释作用就越大。最后可以得到第 j 项指标的权重

$$W_j=\frac{g_i}{\sum_{i=1}^{m}g_i}\quad j=1,\ 2,\ \cdots,\ m$$

W_j 为经过归一化的权重系数。g_i 为差异系数，g_i 越大，

指标对于系统的比较作用越重要。利用熵值法计算指标体系内各指标的权重。

g_i 的计算过程如下。

①计算第 j 项指标下第 i 个样本的特征比重 y_{ij}。公式为

$$y_{ij}=\frac{x_{ij}}{\sum_{i=1}^{m}x_{ij}} \qquad 0<y_{ij}<1$$

x_{ij} 表示第 i 个样本在第 j 个指标上的值。

②计算第 j 项指标的熵值 e_j

$$e_j=-k\sum_{i=1}^{m}y_{ij}\ln\left(y_{ij}\right)$$

其中，$k>0$，ln 为自然对数，$e_j\geqslant 0$。如果 x_{ij} 对于给定的 j 全部相等，则

$$y_{ij}=\frac{x_{ij}}{\sum_{i=1}^{m}x_{ij}}=\frac{1}{m}$$

此时取极大值，即 $e_j=-k\sum_{i=1}^{m}\left(\frac{1}{m}\right)\ln\left(\frac{1}{m}\right)=k\ln(m)$

若 $k=\frac{1}{\ln(m)}$，于是 $0 \leqslant e_j \leqslant 1$。

③计算指标 x_j 的差异性系数，对于给定的 j，x_{ij} 的差异性越小，e_j 则越大。当 e_j 全部相等时

$$e_j = e_{\max} = 1,\ k = \frac{1}{\ln(m)}$$

此时对于系统间的比较，指标毫无作用；当 x_{ij} 差异性越大，e_j 越小，指标对于系统间的比较作用越大。

④得到差异系数

$$g_i = 1 - e_i$$

参考文献

[1] 张贵，吕长青．基于生态位适宜度的区域创新生态系统与创新效率研究 [J]. 工业技术经济，2017,36(10):12-21.

[2] 夏斌，徐建华，张美英，等．珠江三角洲城市生态系统适宜度评价研究 [J]. 中国人口·资源与环境，2008,18(6):178-181.

[3] 周青，陈畴镛．中国区域技术创新生态系统适宜度的实证研究 [J]. 科学学研究，2008,26(s1):242-246.

[4] 刘洪久，胡彦蓉，马卫民．区域创新生态系统适宜度与经济发展的关系研究 [J]. 中国管理科学，2013(s2):764-770.

[5] 李峰，庞玉萍，金萍．区域创新生态系统适宜度实证研究 [J]. 改革与战略，2017(9):121-126.

[6] 苌千里．基于生态位适宜度理论的区域创新系统评价研究 [J]. 经济研究导刊，2012(13):170-171.

[7] 赵程程．区域创新生态系统适宜度评价及比较研究：上海、北京和深圳 [M]. 上海：同济大学出版社，2017:1-5,34-52.

[8] Joseph M Abe, David A Bassett, Patricia E Dempsey. Business ecology: giving your organization in the natural edge[M]. Oxford: Butterworth Heinemann, 1998: 156-160.

[9] Athereye S. Competition, rivalry and innovative behavior[J]. Economics of Innovation & New Technology, 2001, 10(1): 5-11.

[10] Metcalfe S, Ramlogan R. Innovation systems and the competition

process in the developing economies[J]. The Quarterly Review of Economics and Finance, 2008, 48(2): 433-446.

[11] 黄鲁成．区域技术创新生态系统的特征 [J]. 中国科技论坛，2003(1):23-26.

[12] 王洋洋．黑龙江省企业自主创新能力和效率的评价研究 [D]. 哈尔滨：哈尔滨工程大学，2010.

[13] 韩春花，佟泽华．基于 Fussy-GRNN 网络的区域创新能力评价模型研究 [J]. 科技管理研究，2016, 36(14):55-60.

[14] 赵娟．基于企业视角的金昌市创新网络结构与创新能力评价研究 [D]. 兰州：西北师范大学，2016.

[15] 陈宏伟，陈红．我国沿海发达省份创新能力测算比较 [J]. 科技与经济，2016, 29(5):25-29.

[16] 黄澄清，张静，谢程利．中国互联网行业创新能力发展指数构建与评估研究 [J]. 汕头大学学报：人文社会科学版，2016, 32(6):146-153.

[17] 李庆东．技术创新能力评价指标体系与评价方法研究 [J]. 现代情报，2005, 25(9):174-176.

[18] 田志康，童恒庆．中国科技创新能力评价与比较 [J]. 中国软科学，2008(7):155-160.

[19] 李寅龙．云南省经济发展指标体系构建与综合评价——从支柱产业的角度 [D]. 昆明：云南财经大学，2015.

[20] 冯静静．甘肃省各地区社会经济发展指标体系的构建与实证分析 [D]. 兰州：甘肃农业大学，2016.

[21] 王琎．江苏省县域经济发展评价指标体系研究 [D]. 南京：河海大学，2007.

[22] 张友国．区域经济发展差异及其指标体系的研究 [D]. 北京：北方工业大学，2001.

[23] 黄飞飞．贵州省经济发展指标评价研究 [D]. 贵阳：贵州财经大学，2017.

[24] 张洪青，赵艳丽．多指标常用综合评价方法比较研究 [J]. 现代商贸工业，2014, 26(7):20-20.

[25] 钟志科．综合评价方法的合理性研究 [D]. 成都：西南交通大学，2011.

[26] 尤天慧，樊治平．区间数多指标决策的一种 TOPSIS 方法 [J]. 东北大学学报（自然科学版），2002, 23(9):840-843.

[27] 何晓群．多元统计分析 [M].3 版．北京：中国人民大学出版社，2012:114-128.

[28] 吴海建，周丽，韩嵩．创新驱动指数与高精尖经济统计标准研究 [M]. 北京：对外经济贸易大学出版社，2017:54-70.

[29] 中国科学技术发展战略研究院．国家创新指数报告 2016-2017[M]. 北京：科学技术文献出版社，2017:22-33.

[30] 柳卸林，高太山．中国区域创新能力报告 2014[M]. 北京：知识产权出版社，2015:24-50.

[31] 黄蓉．基于主成分分析和模糊综合评价的机场员工绩效评价研究 [D]. 西安理工大学，2017.

[32] 李莎．基于主成分分析的浙江省纺织企业财务绩效研究——以 A 公司为例 [D]. 南昌：江西师范大学，2017.

[33] 王琼，卢聪，李法云，等．基于主成分分析和熵权法的河流生境质量评价方法——以清河为例 [J]. 生态科学，2017, 36(4):185-193.

经济的未来

书号	书名	定价
978-7-111-59462-8	人口创新力：大国崛起的机会与陷阱	59.00
978-7-111-57236-7	新工业革命：现场力和可视化下的日本工业4.0	45.00
978-7-111-57949-6	人类的财富：什么影响了我们的工作、权力和地位	55.00
978-7-111-57560-3	百年流水线：一部工业技术进步史	49.00
978-7-111-41051-5	凯恩斯大战哈耶克	59.00
978-7-111-51743-6	在股市遇见凯恩斯：“股神级”经济学家的投资智慧	45.00
978-7-111-37809-9	失去的二十年：日本经济长期停滞的真正原因	39.90
978-7-111-50418-4	失去的制造业：日本制造业的败北	45.00
978-7-111-50368-2	安倍经济学的妄想	39.00
978-7-111-52633-9	日本式量化宽松将走向何方：安倍经济学的现在、过去与未来	49.00

推荐阅读

VR+：融合与创新

作者：王斌 等 ISBN：978-7-111-54799-0 定价：49.00元

系统阐述“VR+”创新体系的经典读本，看虚拟现实如何引爆新经济
深度揭示“VR+产业”的商业模式以及投资商机，揭秘VR与电影、游戏、旅游、教育、房地产、汽车、媒体、电商、医疗等传统行业融合创新所产生的巨变与发展

vr+: 2016年是VR产业元年，VR产业进入高速增长期，未来十年将成为超过万亿的产业。虚拟现实VR技术在影视、游戏、消费、旅游、教育、房产、医疗、体育等各个领域的创新融合，将为产业带来巨变！本书梳理了国内外VR产业发展现状与趋势、VR商业模式以及我国VR产业版图及VR产业投资。将重点以VR+产业为核心，首次揭示VR与电影、游戏、旅游、教育、房地产、汽车、媒体、电商、医疗等行业融合创新所产生的巨变与发展。

虚拟现实：引领未来的人机交互革命

作者：王寒 等 ISBN：978-7-111-54111-0 定价：59.00元

聚焦全球顶尖视野，从技术、产品、商业和生态等多维度全面解析VR

作者团队由来自国内和硅谷的资深VR技术专家组成，不仅能确保内容的专业性，而且能把国内和国外的VR行业状况全部融合到书中，更加全面和立体。

本书以科普和商业引导为目的，从现实、科幻、技术、产品、商业、生态6个维度对VR进行全方位的呈现，了解VR，这一本书就足够！

向以色列学创新

以色列谷：科技之盾炼就创新的国度

作者：（以）顾克文 等 ISBN：978-7-111-48989-4 定价：40.00元

“以色列谷”是以色列创新内涵的浓缩。关注“以色列谷”在经济领域和科技领域的突出成就，关心以色列谷繁荣的原因，无疑对中国未来的发展道路提供启发与思索。

创新的天梯

作者：（以色列）亚里·拉登伯格 等 ISBN：978-7-111-46696-3 定价：45.00元

人类宝贵的品质——创造力已钝化。为什么？政治家、老师、家长让你无条件地服从命令，不做独立思考。而我希望说服你，通过阅读本书，开启创造性思维，因为你是自由的个体。

我们希望本书能解开封锁你自有创造力的关键，释放被关你大脑黑洞里的那些要你勤奋、高效、服从……的常规和自律框框。并带给你自由思考、创造的能力。

犹太创业家：揭秘犹太创业者的8大成功因素

作者：（荷）斯维・万宁 ISBN：978-7-111-46389-4 定价：45.00元

为何占世界人口总数0.2%的犹太人，能够操控全球1/3的财富？犹太裔学者斯维•万宁10年研究，揭秘全球最成功的犹太创业家的8大成功因素。

创新的基石：从以色列理工学院到创新之国

作者：（以）阿姆农・弗伦克尔 等 ISBN：978-7-111-55989-4 定价：35.00元

以色列“创新之源”、人才资本的最大输出地，由爱因斯坦提议创建，诞生3位诺奖得主的传奇学校——以色列理工学院，是创业的国度以色列能够迅速成功的基石。